AF299849
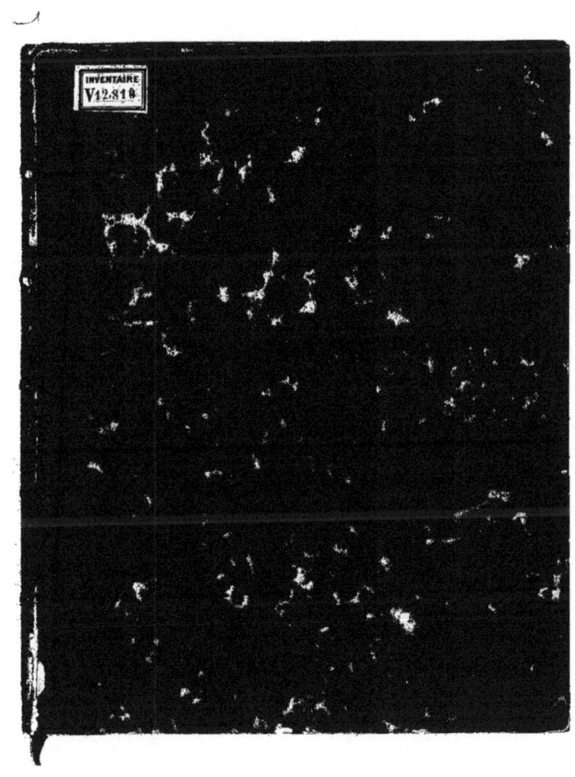
INVENTAIRE
V12.810

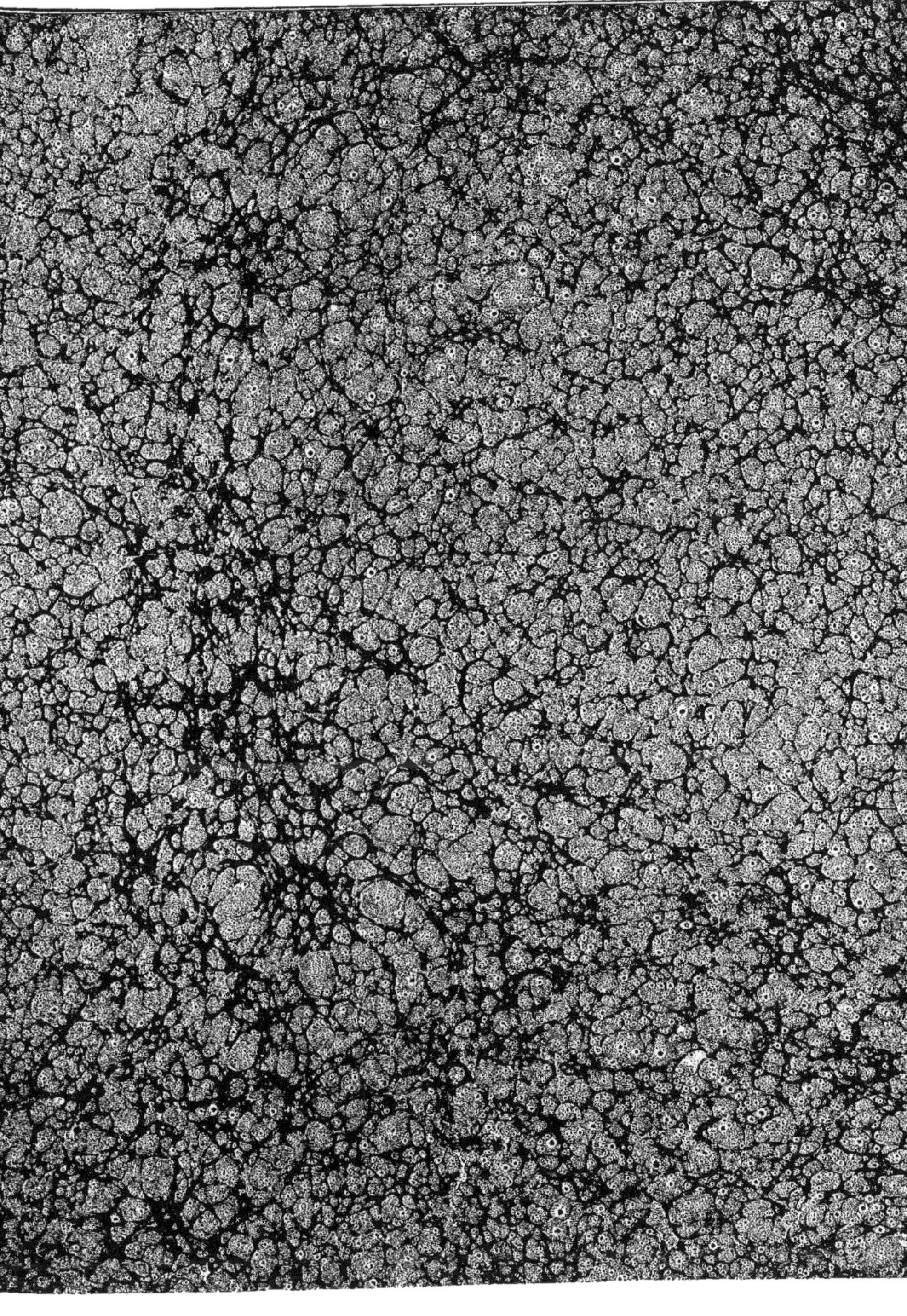

INSTRUCTIONS PRATIQUES

SUR

L'OBSERVATION ET LA MESURE

DES

PROPRIÉTÉS OPTIQUES APPELÉES ROTATOIRES,

avec l'exposé succinct

DE LEUR APPLICATION A LA CHIMIE MÉDICALE, SCIENTIFIQUE ET INDUSTRIELLE;

Par M. BIOT,

Membre de l'Institut de France, etc.

PARIS,

BACHELIER, IMPRIMEUR-LIBRAIRE

DU BUREAU DES LONGITUDES ET DE L'ÉCOLE POLYTECHNIQUE,

Quai des Augustins, 55;

J.-B. BAILLIÈRE, LIBRAIRE DE L'ACADÉMIE ROYALE DE MÉDECINE,

Rue de l'École de Médecine, 17.

1845.

IMPRIMERIE DE BACHELIER,
rue du Jardinet, 12.

AVERTISSEMENT.

Je me suis proposé, dans cet écrit, de présenter un ensemble d'instructions pratiques sur l'observation et la mesure des propriétés optiques appelées *rotatoires;* de sorte qu'en suivant les recommandations qui y sont énoncées on puisse étudier ces phénomènes avec exactitude, et en faire des applications sûres. Les règles générales sont les mêmes que j'avais exposées, il y a cinq ans, dans les *Comptes rendus* des séances de l'Académie des Sciences. Mais elles sont ici complétées par de nouveaux détails de précision que le perfectionnement et l'extension de la science ont rendus nécessaires, par des éclaircissements qui ont paru désirables, par la réfutation de quelques erreurs qu'on a voulu inconsidérément y associer; enfin par l'indication de soins très-faciles, au moyen desquels les expérimentateurs corrigeront eux-mêmes les vices de construction que les artistes ont pu, ou pourraient commettre, dans la confection de certaines parties des appareils. Si l'on ose citer, non comme terme de comparaison, mais comme modèle, la plus parfaite des sciences d'observation, c'est ainsi que les astronomes soumettent leurs instruments les plus admirables à des rectifications qui en dévoilent et en corrigent les moindres défauts.

J'ai joint à cet écrit la liste des Mémoires originaux dont la lecture m'a paru nécessaire aux personnes qui voudraient approfondir ce nouveau sujet d'études physiques théoriquement, non moins que pratiquement. A vrai dire, il me semble indispensable de pouvoir l'envisager sous ces deux points de vue, pour apercevoir où il conduit, et pour en faire sortir des conditions moléculaires de mécanique chimique, qu'aucun autre mode d'investigation, opérant sur des masses sensibles, ne saurait nous indiquer. Déjà, beaucoup de résultats de ce genre ont été obtenus en peu d'années, sous nos yeux, par un petit nombre d'expérimentateurs français, qui ne pouvaient consacrer à ces recherches qu'une portion restreinte de leur temps, presque tout absorbé

par des devoirs professionnels. Car, à Paris du moins, à l'exception
d'une individualité isolée, c'est d'abord dans des établissements médi-
caux, à l'Hôtel-Dieu, à l'hospice Beaujon, à la Pharmacie centrale,
que des appareils destinés à ces études ont été disposés pour l'observation, et employés effectivement. Un cinquième va être mis en exer-
cice à l'hôpital du Val-de-Grâce (1). Je rapporte, à la fin de cet écrit,
la liste des travaux déjà réalisés ainsi, dans ces établissements, avec
l'indication des recueils scientifiques où ils sont publiés. Elle montrera
aux jeunes médecins, aux jeunes physiciens, aux jeunes chimistes,
combien cette mine nouvelle est féconde, et facile à explorer. Quicon-
que voudra seulement parcourir l'énoncé de ces résultats, obtenus en
si peu de temps, sera étonné de leur nombre, de leur originalité, de
leur netteté, et de leur importance pour la mécanique de la chimie.

J'ai cru devoir la présente publication à l'intérêt nouveau et inat-
tendu que semblent obtenir, en ce moment, ces phénomènes qui, depuis trente ans qu'ils ont été découverts, avaient été suivis et employés
en France par si peu de personnes. Cela donnerait lieu d'espérer que
l'on commence à vouloir profiter, chez nous, des services qu'ils peuvent rendre à la chimie médicale, scientifique et industrielle. Toutefois, il ne faudrait pas que le zèle des néophytes allât jusqu'à en retar-
der pour longtemps l'utilité, en altérant leurs déterminations par de
mauvaises pratiques qui en fausseraient les valeurs, et qui feraient ré-
trograder la science en substituant des erreurs aux vérités qui peuvent
l'enrichir.

---

(1) L'instrument qui me sert depuis bien des années au Collége de France a été construit,
ainsi que beaucoup d'autres, par feu Cauchoix, pour étudier les phénomènes de déviation
opérés par transmission, tant à travers les liquides, qu'à travers les lames des corps cristallisés. Cet artiste l'a ensuite simplifié sur mes indications, pour l'adapter aux seules observations faites à travers les liquides. Les appareils de ce genre, employés à la Pharmacie centrale,
à l'Hôtel-Dieu, à l'hospice Beaujon, ont été exécutés sur le même plan par M. Soleil, avec
l'amélioration de détail que j'ai indiquée ici page 22. Celui du Val-de-Grâce, ainsi que plusieurs autres, ont été exécutés par M. Deleuil; ils sont identiques aux précédents, et j'ai
vérifié de même leur bonne confection.

INSTRUCTIONS PRATIQUES

POUR LA

CONSTRUCTION ET L'USAGE DES APPAREILS

DESTINÉS A OBSERVER

LE POUVOIR ROTATOIRE DES LIQUIDES.

Plusieurs chimistes français et étrangers s'étant trouvés arrêtés dans des expériences de chimie optique par les imperfections des appareils dont ils faisaient usage, et par l'incertitude où ils étaient sur la manière de les employer, il m'a semblé utile de spécifier ici, avec détail, diverses conditions que ces appareils doivent remplir, et aussi quelques précautions qu'il faut prendre pour en obtenir des résultats exacts. Ce sont des choses très-faciles, et qu'une pratique persévérante apprendrait bientôt à un physicien exercé; mais elles sont indispensables, car la réussite est impossible si l'on ne s'y astreint pas.

L'ensemble de l'appareil est fort simple. La lumière blanche des nuées est d'abord reçue sur la première surface d'un verre noir plan et poli, qui la renvoie dans un tuyau muni de diaphragmes intérieurs, suivant une direction telle, que le faisceau ainsi isolé, et transmis par les diaphragmes, se trouve polarisé par réflexion aussi complétement que possible. Ce faisceau arrive ensuite perpendiculairement sur la première surface d'un prisme biréfringent achromatisé, qui est placé au centre d'un cercle divisé et porté sur une alidade mobile. Le plan du cercle est pareillement perpendiculaire à la direction du rayon réfléchi. Alors, en faisant mouvoir l'alidade vers la droite ou vers la gauche du plan de réflexion, elle entraîne le prisme, qui tourne ainsi autour de l'axe du faisceau réfléchi, en lui demeurant toujours perpendiculaire. La succession des images, ordinaires, extraordinaires, que ce mouvement développe dans les différentes directions où l'on amène l'alidade, fait connaître l'état de polarisation plus ou moins complet du faisceau réfléchi; et, lorsqu'il est complétement polarisé, le sens de sa polari-

B.   I

sation, qui coïncide avec le plan de réflexion, se trouve indiqué sur le cercle divisé, par la position que prend l'alidade quand le prisme ne donne qu'une image unique formée par la réfraction ordinaire. La division à laquelle l'index de l'alidade s'arrête alors sur le cercle, est, ce que j'appelle, *le point zéro de la polarisation directe.* Il est commode que ce point coïncide avec le zéro des divisions tracées sur le cercle, ou qu'il en soit très-proche; et l'artiste qui construit l'instrument assure cet avantage, en plaçant l'origine de la graduation dans le plan de réflexion de la glace polie. Pour fixer les idées, je supposerai, dans ce qui va suivre, que le plan de réflexion est vertical, et que le zéro des divisions est placé au sommet supérieur du cercle. Alors le prisme biréfringent devra être fixé sur l'alidade, suivant une direction telle que l'image extraordinaire E soit nulle, ou presque insensible, quand l'index de l'alidade sera amené sur o°.

Les choses étant disposées ainsi, ayez des tubes creux, de verre ou de métal, terminés par des glaces minces à faces parallèles; puis, ayant rempli l'un d'eux avec certains liquides, tels que l'eau, l'alcool, ou des acides quelconques, à l'exception du tartrique, de l'amygdalique, et de leurs composés, interposez ces plaques liquides dans le trajet du faisceau polarisé, avant qu'il arrive au prisme biréfringent amené sur le point zéro. L'image extraordinaire E, qui était nulle ou insensible, restera telle; et par conséquent la polarisation primitivement imprimée par la réflexion n'aura pas été troublée. Tous les liquides qui la laissent ainsi subsister sans dérangement seront ce que j'appelle *moléculairement inactifs.* Ils le paraissent du moins pour nos sens, dans les limites d'épaisseur restreintes où nous les pouvons étudier.

Mais une multitude d'autres liquides, tels que les dissolutions de diverses espèces de sucres, la plupart des huiles essentielles, les solutions d'acide tartrique, de l'amygdalique, et de leurs sels, ou de leurs dérivés, enfin une foule de liqueurs animales ou végétales, étant interposées de même, troublent la polarisation primitive, et la transportent, pour chaque rayon simple, dans un autre plan que celui où elle avait lieu d'abord. Cela se voit tout de suite, parce que l'image extraordinaire E, qui était précédemment nulle, reparaît immédiatement; et même, si le liquide interposé laisse passer des rayons de diverses réfrangibilités, ce qui est le cas habituel, cette image paraît colorée, parce que le plan de polarisation des rayons transmis est dévié inégalement, selon que leur réfrangibilité est différente. Pour étudier isolément cet effet, au moins sur l'un d'eux, il faut interposer entre le prisme et l'œil une plaque de ces verres rouges, colorés par le protoxyde de cuivre, qui, lorsqu'ils sont suffisamment épais, ne transmettent qu'une seule espèce de rayons, voisins du rouge extrême du spectre. Alors l'image extraordinaire E, qui reste visible, est uniquement composée de ces rayons rouges sensiblement homogènes. Or, en tournant l'alidade du prisme vers la droite ou vers la gauche de l'observateur, on retrouve toujours une certaine position où cette nouvelle image E devient nulle, comme elle l'était primitivement ; de sorte que l'arc parcouru par l'alidade, depuis le point zéro, mesure l'angle de déviation que le plan de polarisation des rayons rouges purs a subi, vers la droite ou vers la gauche de l'observateur, en traversant le liquide interposé. Cet angle, pour chaque liquide, est proportionnel à l'épaisseur parcourue; et il reste invariable quand on agite le liquide dans son tube ou que l'on écarte ses particules les unes des autres, en le mêlant avec des liquides inactifs qui n'agissent par sur lui chimiquement. Par ces résultats, et même par le seul fait de la non-symétrie de l'action exercée ainsi dans des liquides, sous l'incidence perpendiculaire, on voit que la déviation totale observée est la somme des déviations infiniment petites successivement imprimées au rayon par les groupes moléculaires actifs disposés sur son trajet. De sorte que le sens de cette déviation, et sa grandeur, pour l'unité de masse active traversée, sont deux phénomènes caractéristiques de la constitution actuelle des particules agissantes, dans lesquelles leur mode d'agrégation accidentelle n'intervient pas. Les substances qui dévient ainsi les plans de polarisation des rayons lumineux, dans un certain sens propre, en vertu de leur action moléculaire, sont ce que j'appelle des substances *moléculairement actives*. On ne peut évidemment leur attribuer cette dénomination qu'en étudiant leurs effets dans l'état libre et désagrégé de leurs groupes matériels, conséquemment après les avoir liquéfiées par la fusion, ou par la dissolution dans des liquides inactifs, qui ne les altèrent pas. Car l'agrégation, accompagnée de l'état cristallin, peut développer des actions de masse qui imitent celles-là, sans que les molécules isolées, ou agrégées confusément, hors de l'état cristallin, les exercent. C'est ce qu'on observe dans le quartz. Parmi la multitude d'expériences que j'ai eu l'occasion de faire sur ce sujet, je n'ai jamais rencontré de substance moléculairement active qui n'eût au moins un élément organique. Alors la faculté déviante persiste dans toutes les combinaisons où la substance active entre sans que ses groupes moléculaires soient chimiquement décomposés. Mais l'intensité de la déviation, et même son sens, vers la droite ou vers la gauche du plan primitif, varient généralement avec la nature ainsi qu'avec les proportions des principes dont se compose la combinaison.

Jusqu'ici j'ai considéré spécialement l'action exercée sur le rayon rouge pur, parce que c'est le seul que l'on puisse isoler complétement par l'interpo-

I..

sition de verres colorés; et ainsi c'est toujours à lui qu'il faut ramener définitivement les observations pour les rendre comparables. C'est ce que j'ai fait dans les formules insérées aux Mémoires de l'Académie, et aux *Comptes rendus de ses séances,* où elles sont présentées toutes préparées pour des applications, avec des exemples qui en éclaircissent l'usage. Je n'ai donc qu'à y renvoyer. Mais, en étudiant les couleurs des images extraordinaires qui s'observent immédiatement à l'œil nu, à travers des liquides incolores, j'ai trouvé que, pour toutes les substances actives jusqu'ici connues, à la seule exception des solutions d'acide tartrique dans des liquides inactifs, les déviations des divers rayons simples sont presque exactement réciproques aux carrés des longueurs d'accès des éléments lumineux considérés comme matériels; ou, ce qui revient au même, aux carrés des longueurs des ondulations dans le système ondulatoire. De là, non-seulement on déduit les teintes des images formées dans toutes les positions du prisme biréfringent, de manière à ne pas pouvoir les distinguer de l'expérience; mais encore, ce qui est infiniment utile, on trouve que, dans la succession des teintes extraordinaires qui apparaissent à mesure que le prisme tourne, il y en a une extrêmement distincte, et facilement reconnaissable, qui répond avec une approximation singulière à la déviation des rayons jaunes purs, et que l'on peut ramener à celle des rayons transmis par les verres rouges, en multipliant sa déviation propre par $\frac{22}{30}$. Cette teinte est un violet-bleuâtre qui suit immédiatement le bleu intense et précède immédiatement le rouge-jaunâtre dans le progrès de la rotation; et, tant par sa nature spéciale que par son opposition tranchée avec les deux autres entre lesquelles elle est toujours comprise, il est impossible de ne pas la reconnaître avec une parfaite évidence quand on l'a seulement cherchée une fois par les caractères précédents. C'est ce qu'ont éprouvé toutes les personnes qui ont bien voulu essayer avec moi ce genre d'observations. Et elles parvenaient bientôt à arrêter le mouvement du prisme exactement au même point que moi, parce que l'incertitude d'appréciation des couleurs, résultante de la diverse organisation des yeux, se trouve ici complétement levée par le mode de succession qui amène celle que je viens de désigner. Or, non-seulement l'observation ainsi effectuée est infiniment plus facile et plus prompte qu'avec le verre rouge; mais l'apparition des couleurs, jointe à leur changement soudain autour du point de passage, devient un indice tellement sensible, que, par exemple, un millième en poids de sucre de canne dissous dans l'eau, manifeste ainsi son pouvoir rotatoire avec évidence à travers une épaisseur d'un demi-mètre, ce qui est une longueur de tube qui n'a rien d'incommode à employer. Ce mode d'observation, si simple et si facile, suffit parfaitement pour toutes les recherches courantes, où l'on n'a pas besoin d'établir des lois fondamentales, mais seulement de constater des identités ou des différences de constitution moléculaire, ce qui est presque toujours le but de la chimie ; et l'on peut toujours le compléter par les déterminations plus rigoureuses faites avec le verre rouge. Mais j'ai dit tout à l'heure que les solutions d'acide tartrique dans des liquides inactifs y échappent. Leur action sur les divers rayons du spectre suit de tout autres lois, dépendantes de la nature du système fluide formé, ainsi que de ses proportions pondérales ; de sorte que l'emploi du verre rouge ne peut alors être évité. Cette exception, jusqu'à présent unique, est sans doute bien surprenante ; elle l'est d'autant plus, qu'elle disparaît instantanément dans les combinaisons de l'acide avec des bases énergiques, ou avec l'acide borique, lesquelles reprennent la loi habituelle de dispersion des plans de polarisation pour les rayons d'inégale réfrangibilité. Des propriétés si remarquables, et si complétement exceptionnelles, semblent bien propres à solliciter l'attention des chimistes sur le corps qui les possède. Car elles se réunissent pour leur indiquer que la constitution moléculaire de l'acide tartrique renferme quelque grand secret de chimie, qui semble déjà s'offrir à leurs soupçons dans les propriétés étranges que ce même acide communique aux solutions dont il fait partie.

En joignant à l'exposition précédente les formules que j'ai si souvent employées dans mes Mémoires, ou dans les *Comptes rendus des séances de l'Académie des Sciences,* pour calculer le pouvoir moléculaire propre de chaque substance d'après les déviations des plans de polarisation observées, on aura tous les principes de cette étude nouvelle des corps, que j'ai cru pouvoir désigner par le nom de *chimie optique.* Mais il me reste à décrire plusieurs précautions de détail indispensables pour que les expériences réussissent, et fournissent des éléments de calcul exacts. Tel est même le but principal de cet écrit. Supposant donc l'ensemble de l'appareil suffisamment connu par la description générale rappelée plus haut, je vais successivement passer en revue ces diverses parties, en indiquant les conditions de précision qu'il faut leur donner pour qu'elles réalisent convenablement les effets qu'elles sont destinées à produire ; et je m'aiderai au besoin de figures pour la clarté de l'exposition.

I. *Miroir réflecteur.*

Ce miroir est destiné à jeter dans le tuyau de l'appareil un faisceau délié de lumière blanche des nuées, après l'avoir polarisée par réflexion. Cela exige que sa surface réfléchissante forme avec l'axe du tuyau un angle d'environ 35°30′. On le rend donc mobile autour d'un axe horizontal faisant corps avec le tuyau, de manière que l'on puisse l'amener dans cette position, et l'y fixer par une vis qui l'arrête. Pour régulariser cette opération, la plupart des artistes adaptent autour de l'axe de rotation un cercle divisé que le miroir entraîne en tournant, et dont il amène successivement les divisions devant un index fixe, lequel doit répondre à 0° quand le plan du miroir se trouve dirigé suivant l'axe du tuyau. De sorte qu'en faisant tourner ce plan jusqu'à ce que la division 35°3o′ arrive devant l'index, on le suppose dirigé convenablement pour que le rayon réfléchi dans le tuyau soit polarisé. Mais cette disposition est très-imparfaite, et souvent fautive. Car, d'abord, l'angle de polarisation, sur le verre dont ils font usage, est rarement tel qu'ils le supposent, ou qu'ils le marquent dans leurs constructions. Puis, le mouvement de la main est trop grossier pour amener le miroir dans sa position précise, et il s'en écarte toujours quelque peu lorsqu'on serre la pince qui doit le fixer. Enfin, la polarisation d'un rayon blanc ne peut jamais être complète, à cause de l'inégale réfrangibilité des rayons élémentaires qui le composent; de sorte qu'après s'être guidé sur l'index pour amener le miroir près de la position la plus favorable, il faut pouvoir ensuite lui imprimer de très-petits déplacements, alternativement contraires, à l'aide d'un mouvement de vis, pour reconnaître cette position par ses effets mêmes, c'est-à-dire en analysant le rayon réfléchi, au moyen du prisme biréfringent, et arrêtant fixement le miroir, lorsque la polarisation observée de son ensemble est la plus complète. Feu Cauchoix avait réalisé toutes ces facilités dans les appareils qu'il a construits pour moi, en adaptant sous la monture du miroir, *fig.* 1,

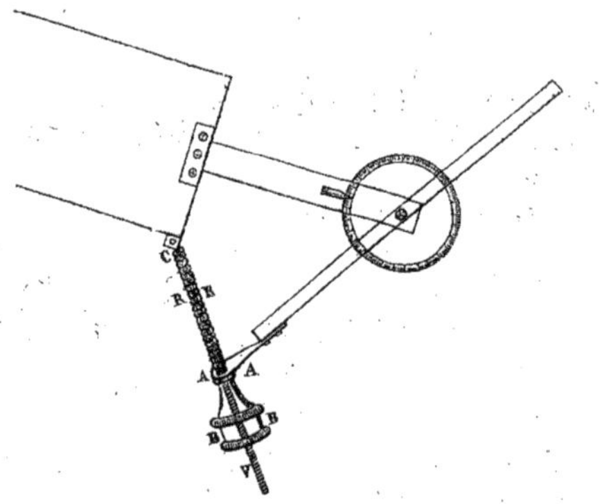

une tige de vis CV, tournant à charnière en C, et passant librement dans un anneau AA porté par le prolongement du miroir. La portion de la tige comprise entre le point d'attache C, et l'anneau AA, est entourée d'un ressort à boudin assez fort pour tendre toujours à repousser énergiquement le miroir, et à le faire tourner ainsi autour de son axe de rotation. Mais cette tendance est contre-balancée, et son effet réglé, par un bouton à écrou BB, qui se visse au prolongement extérieur de la tige, de l'autre côté de l'anneau A; ce qui permet de modifier l'inclinaison du miroir sur l'axe du tuyau, par des mouvements aussi lents qu'on peut le désirer, en le laissant toujours fixé de lui-même au point où on l'abandonne. J'ai employé, et j'emploie encore de ces appareils, qui, une fois bien réglés, sont restés fixes pendant huit ou dix années consécutives sans avoir besoin d'aucune rectification. Seulement, chaque fois que l'on veut observer, il faut essuyer soigneusement la glace réfléchissante, et même la laver de temps en temps à l'alcool, pour enlever les poussières qui altéreraient son poli, et qui ôteraient à la réflexion le caractère spéculaire.

La lumière des nuées est préférable à tout autre par sa blancheur. Dans nos climats du Nord, où le ciel est trop souvent sombre, il y a de l'avantage à disposer l'appareil de manière qu'il la reçoive du côté du midi, où elle est habituellement le plus intense. Mais, après l'avoir ainsi établi fixement, comme on verra tout à heure qu'il faut le faire, il faut entourer le miroir d'une sorte de pyramide latérale qui l'empêche de recevoir directement les rayons solaires, conjointement avec ceux que l'atmosphère peut lui envoyer. Car la proportion de ces rayons directs, qui se polariserait par réfraction dans les couches du verre les plus voisines de la surface, et qui rejaillirait de là dans le tuyau par radiation, sera assez abondante, comme assez vive, pour donner dans le prisme biréfringent une image extraordinaire appréciable, qui se mélant au faisceau spéculairement réfléchi, et polarisé dans le plan de réflexion, dénaturerait tous les résultats. Par le même motif, aux époques de l'année où la marche du soleil amène cet astre à jeter directement ses rayons sur le miroir pendant quelques instants, il faut ne jamais observer dans ces instants-là.

Mais tous ces soins pour obtenir une bonne polarisation seraient rendus inutiles si l'observateur qui doit analyser le faisceau réfléchi avait lui-même les yeux exposés à la lumière extérieure. Car, non-seulement il ne pourrait alors apprécier que très-grossièrement les conditions d'une polarisation exacte, mais une foule de phénomènes de rotation lui échapperaient par leur délicatesse, se trouvant effacés dans la sensation par le trop grand éclat étranger qui s'y mêlerait. C'est ce qui m'est arrivé pendant longtemps, avant que j'eusse soupçonné l'inconvénient de ce mélange; et il nuit même à la mensuration des phénomènes les plus manifestes, en exagérant les limites angulaires de rotation entre lesquelles les images extraordinaires qui s'y rapportent deviennent insensibles. Pour s'y soustraire, il faut absolument que le tuyau qui contient le rayon réfléchi, le prisme biréfringent qui sert pour l'analyser, et l'expérimentateur qui l'étudie, soient enfermés dans un petit cabinet parfaitement obscur, dont il ne sorte au dehors que la seule extrémité antérieure du tuyau à laquelle le miroir réflecteur est adapté; l'orifice de sortie étant lui-même exactement fermé, sur tout le contour du tuyau, par l'application de plusieurs doubles de papier noirci, de manière qu'il ne puisse s'introduire par là aucune lumière. Néanmoins il faut aussi pouvoir, de temps en temps, faire arriver un peu de clarté dans cette obscurité, pour lire sur le cercle divisé le point de la graduation auquel on a amené l'alidade mobile. A cet effet, je pratique à côté de l'observateur une porte qu'il puisse, à sa volonté, ouvrir et fermer sans se déranger de devant l'appareil; et je la dispose de manière qu'elle regarde, en s'ouvrant, la partie du ciel de laquelle la lumière arrive; de sorte qu'en collant des papiers blancs sur cette face, d'abord intérieure, elle puisse éclairer, par réflexion rayonnante, le cercle divisé. Alors, quand on a conduit l'alidade mobile sur un certain arc de déviation, on ouvre la porte, juste autant qu'il le faut pour recevoir la faible lueur nécessaire à la lecture ainsi qu'à la transcription des résultats; puis on la referme aussitôt, en conservant à la pupille l'état de dilatation que lui a imprimé l'obscurité, et qui la rend plus délicatement sensible aux impressions du faisceau polarisé qu'elle étudie.

II. Table qui porte tout l'appareil.

Cette table, construite solidement, en bois noirci, doit être fendue dans toute sa longueur par une rainure, dans laquelle s'insèrent les pieds des tiges métalliques qui portent le tuyau avec le miroir réflecteur, le cercle divisé, et enfin les supports à fourchettes sur lesquels on pose les tubes d'observation. Comme toutes ces tiges doivent être amenées exactement dans le même plan vertical qui contient le rayon réfléchi, il faut que la rainure soit assez large pour laisser un certain jeu de mouvement latéral qui permette d'effectuer exactement cette coïncidence. Quand elle est opérée, on serre les pieds des tiges contre la table par des vis de pression qui les fixent invariablement. La hauteur de la table doit être telle, et tellement combinée avec l'inclinaison du tuyau sur l'horizon, que l'expérimentateur, placé derrière le prisme biréfringent, le trouve à la hauteur de son œil, soit en se tenant debout, soit en restant assis, ce qui vaut encore mieux, les observations étant toujours d'autant meilleures qu'il éprouvera moins de gêne. Le support du cercle divisé, et ceux qui sont destinés à recevoir les tubes, doivent être susceptibles de variation dans le sens vertical pour s'accommoder à l'inclinaison donnée au tuyau qui contient le rayon réfléchi. Il faut d'ailleurs que toutes ces pièces adhèrent à la même table, afin qu'un dérangement accidentel, survenu par un choc, les maintienne toujours dans les mêmes positions relatives, ce qui n'aurait pas lieu si on les établissait sur des tables séparées.

III. *Prisme biréfringent.*

Ce prisme doit être tel, qu'un rayon de lumière naturelle en s'y réfractant se résolve seulement en deux faisceaux polarisés dans des sens rectangulaires. La manière la plus simple, ainsi que la plus sûre, de remplir cette condition, m'a paru être la suivante. Ayant choisi un petit rhomboïde de chaux carbonatée bien pur, et d'une constitution régulière, dont la section principale est ACA′C′, *fig.* 2,

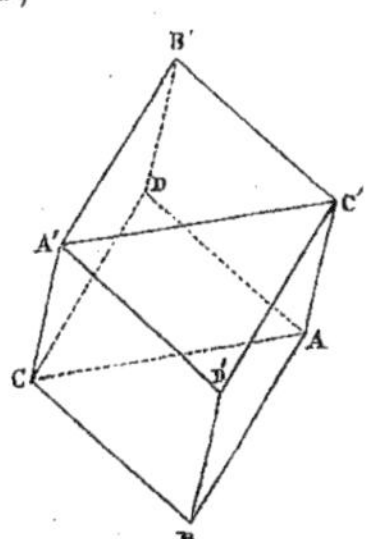

je le coupe par un plan perpendiculaire à cette section, et incliné seulement de trois ou quatre degrés sur la base naturelle ABCD ; de manière que le parallélisme primitif de ses faces supérieure et inférieure se trouve aussi légèrement altéré dans la direction de la section principale, comme le représente la *fig.* 3,

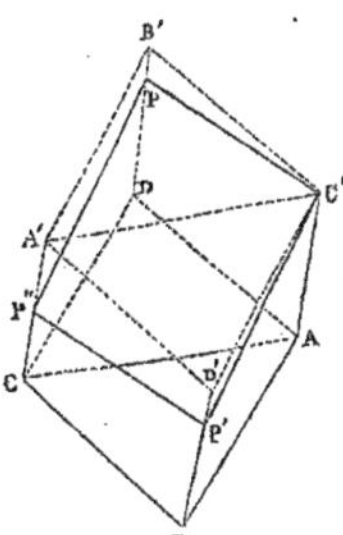

B.   2

où l'on a tracé la coupe oblique en C′PP′P″ par des lignes pleines. Cela fait, si un rayon de lumière non polarisé est introduit dans ce prisme rhomboïdal, perpendiculairement à sa face naturelle ABCD, il se divise d'abord intérieurement en deux faisceaux d'égale intensité, qui se meuvent dans le plan de la section principale du point d'incidence, avec des sens de polarisation rectangulaires. Arrivés à la surface artificielle et oblique C′PP′P″, ces faisceaux ne se dédoublent pas en sortant du cristal. Chacun d'eux reste simple dans son émergence, en conservant le même sens de polarisation qu'il avait reçu intérieurement. L'obliquité de la face d'émergence les sépare seulement davantage; mais, étant très-petite, elle n'altère pas sensiblement l'égalité primitive de leurs intensités, de sorte que toutes les conditions indiquées plus haut se trouvent remplies. Il ne reste qu'à corriger la dispersion chromatique que les deux faisceaux ont subie, et qui s'est principalement opérée dans leur émergence. Pour cela, on remplace la portion enlevée du rhomboïde par un prisme de verre de même sens, et d'un angle tel que l'achromatisme soit rétabli, non pas exactement, car il ne peut l'être, mais aussi approximativement que possible, surtout dans l'image extraordinaire, qui est celle dont les teintes servent le plus spécialement d'indices pour les déviations. Ce prisme compensateur étant ainsi choisi, on le colle à la face artificielle du cristal par une mince couche d'essence de térébenthine épaissie; et ce système mixte est ensuite fixé au centre du cercle divisé, sur l'alidade mobile, de manière que la face naturelle reçoive immédiatement le faisceau lumineux réfléchi par le miroir. Alors le prisme compensateur de verre se trouve du côté de l'œil, et ne peut plus troubler les affections reçues par les rayons lumineux dans leur marche antécédente; au lieu qu'il les altérerait par son interposition si on le plaçait dans le trajet des rayons avant le cristal, comme on le fait quelquefois inconsidérément.

J'ai dit que l'obliquité donnée aux faces du rhomboïde ne devait être que de quelques degrés. Cela est nécessaire pour que la dispersion chromatique des deux faces ne soit ni trop forte ni trop sensiblement inégale. Comme conséquence de cette disposition, il faut que les diaphragmes qui bornent le diamètre du faisceau réfléchi soient assez étroits pour que le prisme biréfringent sépare complétement les deux images formées, sans les écarter beaucoup au delà de cette limite; parce qu'il suffit qu'on les puisse voir complétement distinctes, et que leur comparaison se fait d'autant mieux qu'elles sont plus proches. Cette limitation de l'épaisseur du faisceau réfléchi a encore l'avantage de rendre son état de polarisation plus complet;

et tous ces motifs se réunissent pour exiger qu'on ne l'exagère pas au delà de ce qu'il faut pour le dédoublement complet des deux images.

Des opticiens auxquels on avait demandé des appareils de ce genre, ayant éprouvé de la difficulté à se procurer du spath d'Islande, ont cherché à le remplacer par des prismes de cristal de roche taillés parallèlement et perpendiculairement à l'axe des aiguilles, de manière à se compenser achromatiquement. Mais cette substitution est très-vicieuse, parce qu'on ne parvient jamais à tailler et combiner ainsi des prismes cristallisés, dans des directions telles qu'il n'en résulte rigoureusement que deux images finales. On en voit toujours quatre, dont deux, à la vérité très-faibles, deviennent sensibles dans des épreuves délicates. Elles le sont surtout ici pour l'observateur placé dans une complète obscurité, et elles troubleraient toute l'exactitude des résultats qu'il s'agit de déterminer. On évite avec sûreté cet inconvénient capital par la construction que j'ai indiquée plus haut, et je n'en connais pas qui présente aussi bien cet avantage. On a aussi essayé quelquefois de remplacer le prisme biréfringent par une plaque de tourmaline. Mais, lorsqu'une telle plaque est assez épaisse pour absorber complétement l'un des deux faisceaux intérieurs qui s'y forment, et pour transmettre ainsi l'autre polarisé en un seul sens, elle est toujours assez colorée pour dénaturer complétement les teintes de ce faisceau transmis, qui sont ici un élément important d'observation.

Je profite de cette occasion pour rappeler que la propriété polarisante de la tourmaline, aujourd'hui d'un usage si général dans les expériences de polarisation, a été présentée par moi à l'Académie des Sciences, le 5 décembre 1814, comme on peut le constater dans les procès-verbaux de cette Compagnie. J'en ai publié l'annonce dans le *Bulletin de la Société philomatique* pour le commencement de 1815, page 26, et le Mémoire entier a été imprimé dans les *Annales de Chimie* de mai 1815, sous sa date de lecture du 5 décembre 1814. Je rappelle ces dates, parce que cette importante propriété de la tourmaline semble aujourd'hui être entrée dans le domaine public des sciences, puisque parmi les nombreux Mémoires des physiciens qui l'ont depuis employée, dans l'étranger ou en France, non plus que dans les Traités élémentaires de physique aujourd'hui répandus dans l'enseignement, je n'en connais pas où son origine soit mentionnée.

IV. *Manière de régler l'appareil.*

Les dispositions précédentes étant admises, il faut d'abord donner au rayon réfléchi l'état de polarisation le plus complet qu'il puisse recevoir. Pour cela on amènera le miroir réflecteur dans la position marquée par l'artiste comme

2..

produisant approximativement cet état. Puis, on inclinera le cercle divisé qui porte le prisme, jusqu'à ce que son plan devienne exactement perpendiculaire à l'axe du tuyau qui contient le rayon réfléchi, ce qui rendra ce rayon perpendiculaire à la face naturelle du prisme biréfringent. Alors l'observateur s'enfermera dans le cabinet obscur; et, sans s'inquiéter du zéro des divisions, il fera tourner l'alidade mobile, jusqu'à ce que l'image extraordinaire E soit, sinon absolument nulle, du moins le plus faible qu'il est possible. Quand il aura bien constaté cette position, un aide placé au dehors tournera doucement le bouton BB qui retient le miroir réflecteur, *fig.* 1 , de manière à faire varier tant soit peu le plan de ce miroir autour de la position approximative qu'on lui avait d'abord donnée; et l'observateur, étudiant la polarisation du rayon dans chacune de ces positions successives, reconnaîtra bientôt celle où elle est le plus complète, par la condition que l'image extraordinaire y soit le plus complétement éteinte. Alors le miroir réflecteur restant ainsi fixé, l'observateur ouvrira la porte du cabinet pour amener l'index de l'alidade mobile sur le zéro des divisions, ce qui entraînera le prisme biréfringent ; puis, la maintenant dans cette position, et ayant rétabli l'obscurité, il fera cette fois tourner le prisme seul dans sa monture, jusqu'à ce que l'image E disparaisse de nouveau. Alors il constatera par une dernière épreuve que l'inclinaison donnée au miroir est définitivement la meilleure, ou il l'y fera amener s'il en est besoin ; et ceci reconnu, il fixera invariablement le prisme sur l'alidade par des vis de pressions destinées à cet usage.

(*Addition.*) — Dans la plupart des appareils que j'ai réglés moi-même, j'ai rendu l'image extraordinaire E inférieure à l'ordinaire O, quand la section principale du prisme biréfringent était amenée dans le plan de la polarisation primitive par les opérations que je viens d'expliquer. On pourrait aussi bien la rendre supérieure. Mais il est bon de s'attacher constamment à l'une de ces dispositions pour ne pas commettre d'équivoque en évaluant le progrès des déviations grandes ou petites. D'ailleurs le choix entre ces deux situations inverses est facile, parce que la monture annulaire qui contient le prisme, tourne sur la base de l'alidade dans une amplitude de course suffisante pour qu'il puisse prendre l'une ou l'autre, avant d'être fixé, tandis que le zéro de l'alidade reste en coïncidence avec le zéro de la division circulaire. Une fois qu'il est arrivé à celle que l'on a choisie, on l'y arrête par les vis de pression de sa monture, et l'on évalue la petite erreur finale de la collimation par l'expérience, ainsi que je le dis plus bas. Dès lors, pour ne plus le déranger dans la suite des observations, il faut toujours le faire mouvoir circulaire-

ment, en agissant sur le bras de l'alidade, sans jamais porter la main sur l'anneau même où il est contenu.

Il est indispensable que le prisme soit fixé invariablement dans cet anneau
par un lut solide ou par des cales de plomb flexibles, qui ne lui permettent
de prendre aucun mouvement. Les cales de liége que les artistes emploient
quelquefois pour cet usage sont très-défectueuses, parce que leurs variations
hygrométriques font mouvoir le prisme dans son anneau, et dérangent per-
pétuellement le zéro de l'appareil. (*Fin de l'Addition.*)

Si les opérations manuelles pouvaient être tout à fait rigoureuses, l'appareil ainsi réglé amènerait toujours la section principale du prisme dans le
plan de réflexion quand l'alidade marquerait o°; et alors le zéro de la polarisation primitive coïnciderait exactement avec le zéro des divisions tracées
sur le cercle. Mais cet accord n'aura jamais lieu avec une entière rigueur.
Pour déterminer le petit écart qui a pu rester encore, l'observateur tournera
l'alidade, successivement vers sa droite et vers sa gauche, en l'arrêtant dans
la position où l'image E est le plus complétement éteinte. Et, comme sa disparition subsiste, sur une certaine petite étendue d'arc où elle est seulement
insensible, il déterminera les limites de cet espace par des essais réitérés, au
nombre de quinze ou vingt, après chacun desquels il se redonnera assez de
clarté pour lire et noter la division à laquelle l'index de l'alidade s'arrête. La
moyenne de ces déterminations, qui seront toujours extrêmement peu différentes les unes des autres, lui donnera la vraie position du zéro de son appareil à une petite fraction de degré près; et il faudra répéter cette vérification
de temps en temps, comme on répète celles des instruments d'astronomie,
pour tenir compte des petits dérangements que les différentes parties de l'appareil auraient pu éprouver, par l'effet de leurs réactions mutuelles ou des
variations de la température ambiante. Le point zéro ainsi fixé sera l'origine
à partir de laquelle il faut compter les arcs de déviation réellement opérés
dans les diverses expériences. Il en résultera ainsi une petite correction à faire
aux arcs immédiatement lus sur le cercle, pour ramener les déviations à leur
valeur véritable, comptée de ce point. Si d'ailleurs tout l'appareil est bien
réglé, lorsqu'on tournera l'alidade mobile sur toute la circonférence du cercle
divisé, les images ordinaire, extraordinaire, O, E, devront alternativement
s'évanouir dans les quatre quadrants comptés à partir du point zéro ainsi déterminé; et il faut avoir bien soin de constater qu'il en est ainsi, dans les
limites d'exactitude que ce genre d'observation comporte.

(*Addition.*) — Quelques personnes, qui ont jugé de cet appareil sans l'avoir
pratiquement employé, ont confondu, mal à propos, les opérations préala-

bles que je recommande ici pour la première rectification du zéro, avec les vérifications qui servent à constater sa constance, ou ses petites variations accidentelles, dans les applications aux observations courantes. C'est une grave erreur. On ne saurait prendre trop de soin pour le premier établissement de l'appareil. Mais une fois qu'il est bien réglé, la vérification occasionnelle du zéro, au commencement de chaque série d'expériences, s'effectue en un moment par deux ou trois observations qui ne demandent pas une minute. Il ne faut jamais négliger cette épreuve pour les mesures de déviations que l'on veut rendre très-précises. Car les seuls changements de température des pièces métalliques qui portent le prisme et le miroir réflecteur peuvent apporter dans leur position relative quelques dérangements occasionnels, qui doivent changer la position du zéro. Et, quoique ces changements se trouvent toujours extrêmement petits, il est essentiel d'en apprécier les effets par une observation actuelle qui en donne la mesure, afin de pouvoir au besoin en tenir compte en évaluant les déviations. (*Fin de l'Addition.*)

Ce même mode de détermination par des limites de visibilité devient nécessaire toutes les fois que l'on veut mesurer des déviations à travers le verre rouge, parce que l'image extraordinaire déviée E reste pareillement alors insensible sur une certaine amplitude d'arc. Pour trouver le point précis de sa plus complète disparition, je tourne l'alidade en partant de o°, jusqu'à ce qu'elle arrive à la première limite où l'image E commence à disparaître; je la fais alors reparaître quelque peu en rétrogradant, puis de nouveau disparaître, et j'arrive ainsi sans incertitude à la première limite de son évanouissement que je lis sur le cercle divisé. Cela fait, je tourne l'alidade sur tout l'espace où l'image E est insensible, et je détermine par des essais pareils la seconde limite de sa réapparition. Je répète ces alternatives dix, vingt ou trente fois selon le besoin, tant pour obtenir des résultats moyens plus exacts que pour obvier aux variations soudaines d'intensité de la lumière atmosphérique incidente, variations qui déplacent quelquefois notablement les limites absolues de disparition et de réapparition. Mais, par cette succession d'observations alternées, sur les deux limites prises tour à tour pour origine de chaque couple, la compensation se fait si bien, que j'ai maintes fois obtenu exactement la même déviation moyenne par des états de l'atmosphère tellement dissemblables, que l'amplitude totale de disparition se trouvait seulement de quatre ou cinq degrés au plus dans les uns, et de vingt, ou même trente, dans les autres. Or, quoique je ne fusse pas porté à compter sur des résultats obtenus dans des états du ciel aussi sombres, et que je sois très-loin de le conseiller, j'ai constaté cependant par cet accord que la méthode des alternatives était très-exacte; et que, dans des circonstances atmosphériques qui ne sont pas extrêmement défavorables, dix ou vingt observations de limites suffisent pour établir les déviations moyennes opérées à travers le verre rouge, aussi sûrement qu'on peut le désirer. Lorsqu'on peut se borner à observer immédiatement la déviation de la teinte E, violet-bleuâtre, une seule mesure suffit, comme je l'ai dit plus haut, toujours en comptant les arcs à partir du zéro actuel de la polarisation primitive déterminé sur le cercle divisé. Néanmoins il ne serait pas prudent d'étendre cette observation à des déviations dont l'amplitude excéderait notablement une demi-circonférence, parce que le progrès des dispersions rendrait alors les caractères de la teinte E moins précis. Mais on n'a jamais aucun motif de recourir à de si grandes déviations.

(*Addition.*) — Voici encore un point qui a donné lieu à des interprétations très-fausses, toujours de la part de personnes qui n'avaient aucune pratique de cet appareil, et qui n'avaient pas non plus de notions exactes sur les conditions qu'exige la mesure des déviations.

Les verres rouges colorés par le protoxyde de cuivre sont jusqu'ici les seuls que l'on ait trouvé être sensiblement homochromatiques. On est donc obligé d'y recourir pour les expériences de recherche où l'on a besoin de connaître les déviations, propres à des rayons d'une réfrangibilité définie. Ces verres mêmes ne sont tels qu'approximativement; et, lorsqu'on les applique à des déviations d'une amplitude considérable, par exemple, qui approchent d'une demi-circonférence, l'inégale réfrangibilité des rayons qu'ils transmettent se manifeste par la dispersion que leurs plans de polarisation éprouvent, de sorte que l'image extraordinaire E n'atteint jamais un minimum absolu d'intensité que l'on puisse fixer avec une entière certitude. Il vaut donc mieux alors diminuer l'épaisseur de la couche active, jusqu'à ce que ce minimum se marque par l'extinction apparente de l'image E, auquel cas l'angle de déviation où ce phénomène s'opère, se mesure par les réapparitions latérales, comme je l'ai dit. Le nombre de couples alternés qui est nécessaire pour bien fixer cet angle, dépend de la rigueur que l'on veut donner à son évaluation, et du degré d'indétermination que l'état plus ou moins brillant du ciel jette dans l'appréciation des limites de visibilité.

L'amplitude d'arc que ces limites comprennent est ainsi occasionnellement variable. Il fallait donc s'assurer que la déviation moyenne entre elles est toujours la même. J'ai constaté ce fait fondamental, en réitérant comparativement les mesures d'une même déviation à travers le même verre rouge, par un ciel très-brillant où l'amplitude d'invisibilité était très-petite, et par un ciel très-sombre où elle atteignait jusqu'à 40°. On a présenté cette épreuve expérimentale, comme un cas habituel, et l'on en a fait une des difficultés ordinaires de l'observation, ce qui n'a pas le moindre fondement:

La détermination de la déviation à l'œil nu par l'apparition de la teinte de passage violet-bleuâtre a donné lieu à des remarques qui n'ont pas plus de justesse. Cette teinte ne se produit théoriquement, dans l'image E, que pour les substances qui dispersent les plans de polarisation des rayons simples, sensiblement comme le quartz cristallisé observé dans le sens de son axe, c'est-à-dire en proportion exactement ou approximativement réciproque aux carrés des longueurs des accès. On a voulu présenter sa réalisation comme un fait général, ce qui n'a aucune vérité pratique, non plus que théorique. En outre, j'avais dit qu'il ne fallait pas employer cet indice pour mesurer des déviations d'une très-grande amplitude, qui sont d'ailleurs tout à fait inutiles à réaliser pour des expériences de précision. C'est, en effet, ce que l'analyse théorique démontre, puisque les caractères de succession qui la distinguent sont, dans mon calcul même, assujettis à certaines restrictions d'amplitude, comme on peut le voir dans mon Mémoire, inséré au tome XIII de la Collection de l'Académie des Sciences. On a voulu faire de cela une objection contre le principe qui emploie cet indice si délicat et si précieux. Enfin, le caractère théorique de cette teinte, c'est l'absence des rayons jaunes de réfrangibilité moyenne dans l'image E. On a confondu ce caractère avec celui du minimum d'intensité absolu, dont, en effet, il est proche, mais dont il diffère toutefois très-notablement, puisque les déviations correspondantes à ces deux cas physiques, dans une même épaisseur d'une même substance, sont entre elles comme 24° à 28°,8 (1). Mais les personnes qui faisaient cette confusion n'avaient jamais étudié ces phénomènes par des mesures.

Lorsque les liquides que l'on observe sont colorés, on ne peut plus y chercher cet indice si précieux de la teinte de passage, puisqu'elle ne s'y forme plus avec ses caractères complets de nuance et de succession. Il faut donc alors recourir au verre rouge, dont l'emploi peut devenir fort pénible. Heureusement on peut y suppléer par l'artifice suivant que j'ai décrit dans le tome XV des *Comptes rendus de l'Académie des Sciences,* page 631.

Parmi les différentes espèces de verre colorés artificiellement, ceux qui le sont en rouge par le protoxyde de cuivre sont, jusqu'à présent, les seuls connus qui, avec une petite épaisseur, transmettent une teinte presque homogène, lorsqu'on les interpose dans le trajet d'un faisceau blanc, polarisé, d'une

---

(1) *Voyez* mon Mémoire de 1832, t. XIII de la Collection de l'Académie, p. 105.

intensité médiocre, tel que celui auquel l'œil s'applique dans les expériences de déviation. Néanmoins on trouve aussi des verres verts, colorés, je crois, par le chrome, et d'autres orangés, dont j'ignore la composition, qui, employés à des épaisseurs un peu plus fortes, dans les circonstances que je viens de spécifier, éteignent aussi presque entièrement les rayons dont la réfrangibilité s'éloigne le plus de leur teinte dominante; de sorte que, si on les interpose dans le trajet d'un faisceau blanc très-dispersé, ils réduisent le spectre transmis à une étendue très-restreinte, répartie continûment de part et d'autre de leur teinte propre, qui en forme la portion la plus abondante en lumière (1). Quand on emploie de pareils verres dans les expériences de déviation, on s'aperçoit bien que la teinte extraordinaire qu'ils transmettent est hétérogène, puisqu'elle change d'une manière perceptible pour l'œil en variant la position du prisme analyseur. Mais, si les déviations que l'on observe n'excèdent pas en moyenne 60 à 70 degrés, et il n'y a aucune utilité à les rendre plus grandes, le changement n'est sensible qu'autour, et à très-peu de distance, d'un minimum d'intensité bien marqué, où l'image extraordinaire devient même tout à fait imperceptible pour des déviations moins fortes que je ne viens de l'indiquer. Ce minimum doit donc alors répondre exactement, ou presque exactement, à la déviation des rayons simples qui forment la teinte dominante du verre ainsi employé. Or l'observation en est presque aussi facile sur les solutions colorées que sur les incolores, surtout quand la teinte dominante du verre se rapproche de la leur, ce qui affaiblit d'autant moins la lumière transmise. Cette analogie est habituellement très-aisée à obtenir pour les solutions de matières organiques, quand on se sert d'un verre orangé. Car il suffit presque toujours de varier leur degré de dilution ou leur épaisseur, pour les faire passer par le jaune et par l'orangé avant d'arriver au rouge, et l'on conserve ainsi la condition indispensable de ne pas affaiblir inconsidérément la déviation que l'on veut mesurer.

---

(1) Pour y constater ce caractère, il faut introduire dans une chambre obscure, à travers une fente verticale, un faisceau lumineux composé, émanant de la flamme d'une bougie ou d'une lampe à courant d'air. Dans le trajet de ce faisceau, on établit verticalement un prisme très-réfringent derrière lequel on place l'œil, ce qui fait voir un spectre très-dispersé. Alors, on interpose entre l'œil et le prisme, le verre coloré que l'on veut éprouver, et s'il a les qualités désirées, il doit réduire le spectre à une étendue très-restreinte, ne comprenant que des réfrangibilités très-peu différentes entre elles, sans intermittence. Il faut soigneusement exclure les verres qui donneraient, dans cette épreuve, des spectres intermittents, et il faut l'effectuer aussi pour ce but sur les verres rouges même, avant de les employer.

3

Maintenant, de ces déviations observées à travers le verre coloré, on peut conclure celle que la même solution imprimerait à la teinte bleue-violacée à travers la même épaisseur, si elle était naturellement incolore, ou décolorée artificiellement. Car le rapport de dispersion des divers rayons simples resté le même dans ces deux circonstances, comme je l'ai depuis longtemps établi. Il ne reste donc qu'à découvrir et fixer sa valeur relativement au verre coloré dont on fait usage. Pour cela, prenez une solution aqueuse de sucre de canne cristallisé qui soit incolore et bien limpide. Vous n'avez pas besoin de connaître son dosage, ni sa densité, ni même la longueur du tube à travers lequel vous l'observerez. Il faut seulement combiner ces diverses particularités de manière que la déviation imprimée à la teinte violet-bleuâtre soit d'environ 60 à 70 degrés, sans beaucoup excéder cette dernière limite, pour que les plans de polarisation des divers rayons simples ne soient pas trop fortement dispersés. Mesurez alors avec beaucoup de soin, sans intermédiaire, la valeur de cette déviation, que je désignerai par Σ. Puis, prenez le verre coloré, rouge, orangé ou vert, dont vous voulez habituellement vous servir et dont l'appropriation aura été préalablement constatée par l'analyse prismatique, comme je l'ai dit plus haut. Mesurez de même, avec un égal soin, la déviation V de l'image extraordinaire dans son minimum d'intensité à travers ce verre, pour votre solution incolore. Vous le ferez directement si cette image y est perceptible, ou par une évaluation moyenne entre ses limites de disparition et de réapparition, si elle est évanouissante. Cette expérience une fois faite, la valeur relative de votre verre sera la même pour toutes les solutions colorées ou incolores, qui disperseront les plans de polarisation suivant la même loi que la solution d'épreuve, ce qui est très-approximativement vrai pour toutes celles dont l'acide tartrique ne sera pas un des éléments. Ainsi, quand vous y aurez observé une déviation v, relative au minimum d'intensité de l'image extraordinaire, à travers le même verre, la déviation correspondante de la teinte bleue-violacée sera

$$S = \frac{\Sigma}{V} v,$$

de sorte que vous l'obtiendrez par cette simple proportionnalité comme vous l'auriez obtenue par l'observation si la solution eût été incolore. La déviation S étant ainsi connue pour la teinte violet-bleuâtre, dans la solution quelconque que vous étudiez, vous pourrez l'employer comme élément de mesure, de même que si vous l'aviez observée effectivement. Vous pourriez encore rapporter comparativement la déviation V. à la déviation observée à travers le verre rouge; et le résultat servirait alors pour tous les liquides actifs, de quelque manière qu'ils dispersent les plans de polarisation. (*Fin de l'Addition.*)

V. *Des tubes destinés à contenir les liquides dont on veut déterminer le pouvoir rotatoire.*

Ces tubes sont de deux sortes : les uns en cuivre étamé intérieurement; les autres en verre, pour les liquides qui attaqueraient le métal, ou que l'on veut conserver longtemps en observation sans risquer que leur pureté s'altère. Ils sont également fermés à leurs extrémités par des glaces polies à faces parallèles. Mais, dans les premiers, ces glaces sont fixées par un lut de céruse, ou par un mastic, à des bouchons de cuivre rodés intérieurement, que l'on peut séparer des tubes pour vider ceux-ci et les nettoyer à l'intérieur. Au lieu que les tubes en verre reçoivent temporairement leurs obturateurs de glace, qu'on y fait seulement adhérer avec une légère couche de quelque lut, formé d'un mélange de cire et d'huile grasse, ou de gomme, ou d'essence de térébenthine épaissie. Dans tous les cas, il faut constater avec soin que les obturateurs ainsi employés n'exercent aucune action polarisante qui leur soit propre; et si l'on en trouve qui soient doués de cette propriété par un effet de trempe, il faut les rejeter, ou les faire recuire pour la leur ôter absolument.

Lorsqu'on veut faire usage des tubes en verre, on fixe d'abord un obturateur à leur extrémité inférieure; puis on étend une couche presque imperceptible de lut sur leur bout supérieur qui est encore découvert. On verse alors doucement le liquide que l'on veut observer, jusqu'à ce qu'il les déborde extérieurement par un petit ménisque capillaire. On écrase ce ménisque en appliquant le second obturateur, ce qui laisse l'intérieur du tube complétement plein, sauf quelque très-petite bulle d'air qui parfois y reste, mais qui n'empêche nullement les observations. Ce système est alors introduit dans une enveloppe de cuivre de pareille longueur, qui se ferme par un bouchon à vis, percé d'une ouverture circulaire pour laisser le passage libre aux rayons lumineux transmis à travers le liquide. Le bout inférieur du tube enveloppe est percé de même. Le bouchon vissé vient appliquer sa tête sur l'obturateur supérieur, et le maintient en contact, ainsi que l'opposé, par la pression qu'il exerce. Quand le liquide introduit ne ronge pas le cuivre, on met d'avance le tube, muni de son premier obturateur, dans l'enveloppe avant de le remplir, la petite portion qui déborde toujours quand on le ferme étant alors sans inconvénient.

3..

Il faut avoir ainsi des tubes de diverses longueurs, comme de différents calibres, les plus fins pour les liquides les plus rares dont on n'a qu'une très-petite quantité. J'en ai employé de tels où quelques grammes de liquide occupent plus d'un décimètre de longueur. Mais l'observation est plus facile quand on peut les employer un peu moins étroits. Lorsque le rayon polarisé s'y propage, il s'opère inévitablement sur leurs parois internes des réflexions partielles qui sont assez incommodes. On les évite en introduisant dans le liquide, à l'aide d'une tige de verre, des diaphragmes d'argent garnis extérieurement de découpures qui font ressort. On les y fait entrer quand le tube est à moitié rempli. Cette opération devient encore plus facile quand les tubes de verre sont fort longs, parce qu'ils sont généralement coniques. Alors, en appliquant le premier obturateur à leur bout le plus étroit, et les remplissant par le plus large, on y laisse tomber d'abord un diaphragme proportionné à cette moindre dimension, puis un plus large, qui s'arrête plus haut dans le liquide supérieur. J'ai tenu des combinaisons liquides en observation pendant des années entières dans des tubes ainsi préparés. Leurs longueurs doivent d'ailleurs être mesurées soigneusement entre les plans qui les terminent, au moyen de compas d'épaisseurs très-exacts.

Les tubes de métal se remplissent et se ferment par un procédé différent. Je mesure d'abord leur longueur totale T avant que les bouchons qui les terminent y soient adaptés; puis je les y ajoute, je les enfonce à refus, et je marque sur leur contour extérieur le cercle où ils s'arrêtent. Soient D, D' les distances de ces cercles à chaque extrémité; je mesure alors exactement la profondeur de chaque bouchon, depuis son orifice jusqu'à la face interne de l'obturateur qui le termine. Soient Δ, Δ' ces distances. L'épaisseur du liquide introduit sera évidemment $T + \Delta - D + \Delta' - D'$ lorsque les deux bouchons seront enfoncés jusqu'au refus.

Or l'un des bouchons, celui qui doit rester inférieur quand on remplit le tube, est plein sur tout son contour, et le bout du tuyau auquel il s'adapte ne porte non plus aucune ouverture. Après avoir revêtu cette extrémité d'une couche de lut presque imperceptible, j'y adapte son bouchon, mais sans l'enfoncer à refus, et en lui laissant au contraire une certaine longueur de course, ce qui allonge le tube d'une quantité égale à ce reste. Alors, intervertissant ce système ainsi préparé, je verse le liquide dans le tube jusqu'à le remplir, non pas totalement, mais jusqu'à une très-petite ouverture circulaire pratiquée tout près de son orifice pour laisser échapper, plus tard, les dernières bulles d'air qui s'y logeraient. Le bouchon qui s'adapte à cette extrémité est percé aussi d'un petit trou correspondant. Ainsi, quand le tube est rempli jusqu'à cette ouverture et que le bouchon y est inséré à refus, il reste au-dessus du liquide un petit espace rempli seulement d'air. Mais cet air s'exclut complétement avec la plus grande facilité en profitant du reste de course du bouchon inférieur; car, en l'enfonçant un peu davantage, il pousse devant lui la colonne liquide dans la portion restée vide, ce qui chasse l'air qui s'y tenait. Quand on voit ainsi le tube complétement rempli, on tourne le bouchon supérieur, ce qui ferme la petite ouverture et retient le liquide seul emprisonné. Alors on mesure, avec un bout de décimètre divisé, la longueur de course qui reste encore entre l'orifice du bouchon inférieur et son indice circulaire de refus; et si cette longueur est H, l'épaisseur totale du liquide compris entre les faces intérieures des obturateurs est évidemment $T + \Delta - D + \Delta' - D' + H$; de sorte qu'elle est toujours exactement connue. J'ai à peine besoin de dire qu'ici, comme dans les tubes en verre, on peut introduire, dans les parties déjà versées du liquide, des diaphragmes à ressort, pour prévenir les réflexions sur les parois internes des tubes employés.

(*Addition.*) — La bonne confection des tubes, conformément aux principes pratiques que je viens de donner, est une des choses que j'ai eu le plus de peine à obtenir de la part des artistes, parce que n'ayant jamais observé par eux-mêmes, ils ne sentaient pas la nécessité de ces conditions. Les premiers qui les comprirent et s'y conformèrent, furent d'abord feu Cauchoix qui avait primitivement construit ces appareils, avec son habileté connue, et ensuite M. Pixii. Mais d'autres artistes les ayant négligées à mon insu, j'ai lieu de craindre que plusieurs des appareils qu'ils ont construits avant de s'y astreindre, n'aient présenté aux expérimentateurs des systèmes de tubes dont l'usage a dû leur être excessivement incommode, ou même impraticable. Heureusement, il est très-facile de remédier à ces défauts, comme on va le voir quand je les aurai indiqués.

Premièrement, on a fixé les tubes de verre à frottement ferme par des anneaux de liége dans leur enveloppe métallique, de manière qu'on ne pouvait les en retirer, et les y remettre, qu'avec les plus grandes difficultés. Cela est contraire à toute raison. Car il faut que ces tubes soient assez libres, pour qu'on puisse les retirer aisément, afin de les nettoyer par le lavage après chaque expérience. En second lieu, ces tubes étaient plus courts que les tuyaux enveloppes, de sorte qu'on ne pouvait y apposer les obturateurs pour y enfermer les liquides, d'autant que les obturateurs eux-mêmes étaient trop larges pour entrer dans les tuyaux. On remédiera au premier de ces inconvénients, après avoir rendu les tubes libres, en introduisant au fond de chaque tuyau une rondelle de cuir, de feutre, ou de liége, ouverte à son centre pour laisser passer la lumière, et d'une épaisseur telle, que le tube appliqué sur son obturateur inférieur, étant ainsi soutenu, dépasse l'orifice libre du tuyau de 1 ou 2 millimètres. Alors, ayant réduit le diamètre des obturateurs à un diamètre moindre que celui du tuyau enveloppe, on fixera d'abord celui du fond par une couche mince de matière grasse ou de solution de gomme, qu'on laissera sécher ; puis on introduira le tuyau ainsi bouché par un bout, et après l'avoir rempli de liquide, on fixera l'autre obturateur sur son bout libre, sans difficulté. Cela fait, on le recouvrira par le bouchon métallique qui le maintiendra serré, et il se trouvera prêt pour l'observation.

En ce qui concerne les tubes de cuivre, j'avais prescrit de pratiquer à l'une de leurs extrémités une petite ouverture circulaire complète, sur laquelle on pût apposer le doigt quand on les remplit, avant de les boucher. On a fait ces ouvertures découpées, ce qui rend l'opération impraticable. Il faudra les fermer par quelque soudure, ou rogner les tubes à ce même bout, et pratiquer d'autres ouvertures complétemeut circulaires, à une petite distance du bord.

Aujourd'hui, les systèmes de tubes que M. Soleil et M. Deleuil appliquent à mes appareils sont exactement conformes à ces indications. Ces artistes ont, en outre, adapté une division en millimètres aux bouts des tuyaux métalliques dont le bouchon doit être mobile. Cela donne la mesure actuelle de la longueur plus commodément et plus exactement qu'on ne pouvait l'obtenir par l'application d'un décimètre, avant cette amélioration. La longueur totale de chaque tube, soit de métal, soit de verre, est gravée sur sa superficie. (*Fin de l'Addition.*)

VI. *Des supports à fourchettes destinés à porter des tubes d'observation.*

Ces supports sont représentés *fig.* 4 :

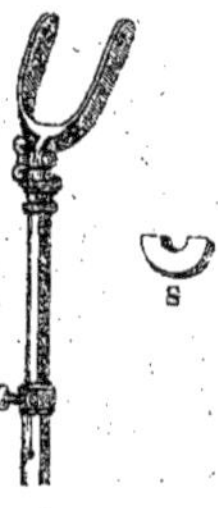

ils se composent inférieurement d'une tige métallique, dont le pied s'insère, et se fixe à vis, dans la rainure de la table, après qu'on l'a dirigée exactement dans le plan où s'opère la réflexion. Cette opération, assez délicate, ne peut s'effectuer utilement qu'après avoir élevé à la hauteur du rayon réfléchi les fourchettes qui les terminent, et les avoir inclinées par un mouvement de charnière qui leur est propre, sur la direction de ce rayon. Quand on les a disposées ainsi approximativement, on y place un des plus longs tubes d'observation vide, et l'on achève de les ajuster de manière que le rayon réfléchi parcoure exactement le tube suivant son axe central. Ce résultat obtenu, on serre les vis qui fixent les pieds des supports ainsi que les charnières, et l'on constate de nouveau que l'exactitude de la transmission rectiligne s'est conservée. Comme il serait fort pénible de recommencer cette rectification délicate chaque fois que l'on change de tube, on l'évite, d'abord pour les tubes de verre, en donnant des diamètres égaux à toutes leurs enveloppes métalliques, de sorte que la direction des fourchettes, une fois établie pour l'un d'entre eux, se trouve l'être pour tous les autres. On établit aussi une égalité pareille entre tous les diamètres extérieurs des tubes de métal. Mais, comme ceux-ci sont généralement beaucoup moindres, et qu'il ne serait pas à propos de les grossir inutilement, on a une pièce de métal auxiliaire S, qui s'ajuste dans les deux fourchettes, de manière qu'en y posant simplement ces tubes, ils se trouvent tout de suite centrés, quand les premiers le sont. Alors l'ajustement n'a besoin d'être opéré que pour une classe de tubes; et une fois qu'il l'est, on n'a jamais besoin d'y revenir, puisque toutes les observations peuvent se faire en tournant seulement l'alidade mobile, sans déranger aucune des relations précédemment établies entre les diverses parties de l'appareil. C'est là un des motifs qui m'a fait insister pour qu'il fût établi invariablement, et à demeure, dans un cabinet uniquement consacré à ces expériences. Car, une fois qu'il est ainsi exactement réglé, avec toutes les précautions que je viens de décrire, il n'y a plus à y retoucher pendant des années entières, et l'on n'a seulement qu'à vérifier de temps à autre l'exactitude de la polarisation, ainsi que la position du point zéro, qui y correspond sur le cercle divisé. Ceci est un avantage qu'on ne peut suffisamment apprécier qu'après en avoir été privé, et avoir éprouvé par expérience toutes les difficultés, ainsi que toutes les occasions d'erreur que présentent des appareils de ce genre, lorsqu'il faut sans cesse revenir sur les rectifications dont ils ont besoin. Les fourchettes à double calibre ont été très-bien exécutées par M. Soleil, opticien à Paris, qui les a imaginées; et M. Deleuil, constructeur d'instruments de physique, a suivi, en cela, son exemple.

Observations de température.

L'expérience a montré que le pouvoir rotatoire d'une même colonne liquide varie avec la température, non pas seulement à cause des changements de dimension et de densité qu'elle éprouve, mais encore, et souvent dans une proportion beaucoup plus considérable, en vertu de modifications qui s'opèrent passagèrement, sous cette influence, dans les caractères et l'énergie de son action moléculaire sur la lumière polarisée. Pour quelques substances, ces modifications deviennent sensibles, même entre les limites ordinaires de la température ambiante. Il convient donc de placer à demeure un thermomètre à côté des tubes dans le cabinet d'observation, pour noter la température à laquelle chaque mesure de déviation est prise. Cela est nécessaire encore pour apprécier l'influence très-notable que la température exerce sur le progrès des réactions chimiques que l'on fait occasionnellement s'opérer dans les tubes mêmes, sous l'œil de l'observateur. Il y aurait sans doute aussi de belles expériences à faire en enfermant les tubes qui contiennent les liquides actifs dans des tubes enveloppes munis de thermomètres intérieurs, où l'on ferait circuler des liquides inactifs que l'on maintiendrait à des températures constantes, plus ou moins élevées, que l'on varierait à volonté.

Équation personnelle.

Tous les observateurs ne jugent pas les teintes colorées d'une manière rigoureusement identique. Il y a des individus qui ne peuvent pas même les distinguer les unes des autres. Ceux-là, sans doute, doivent s'abstenir de ce genre d'observations. Mais il peut bien exister aussi quelque petite différence d'appréciation même entre des yeux d'ailleurs bien conformés; et alors toute la série des nuances qui comprennent la teinte de passage, dans les observations faites sur la lumière blanche, pourrait se trouver reportée de quelques fractions de degré, soit en avant, soit en arrière. C'est pourquoi si, pour des recherches d'une grande précision, l'on voulait rendre rigoureusement comparables entre elles les déviations mesurées par différents observateurs, il conviendrait qu'ils se fussent préalablement éprouvés sur des échantillons d'un même liquide actif exactement identique, qui leur servirait comme d'étalon commun pour rapporter leurs résultats les uns aux autres. Cela détruirait aussi l'effet relatif des différences constantes qui pourraient exister entre les indications de leurs appareils, par quelque petit défaut d'ajustement.

Détermination numérique du pouvoir rotatoire moléculaire, d'après les observations.

Les principes sur lesquels cette détermination repose ont été développés

avec trop de détail dans les Mémoires et les *Comptes rendus* de l'Académie
des Sciences pour qu'il soit nécessaire de les reproduire ici. Je me bornerai
donc à rappeler que le pouvoir rotatoire moléculaire d'une substance est
l'arc de déviation qu'elle imprimerait au plan de polarisation du rayon rouge
moyen du spectre, en agissant isolément sur lui avec une épaisseur égale
à l'unité de longueur, et une densité idéale 1. Je nomme $[\alpha]$ ce pouvoir ainsi
exprimé. D'après cela, concevons que la substance active ne soit pas observée
isolément, mais à l'état de simple mélange avec un liquide inactif, de sorte
que ε soit sa proportion pondérale dans chaque unité de masse de la solution.
Soient l la longueur du tube d'observation, δ la densité du mélange, α l'arc de
déviation imprimé au plan de polarisation du rayon rouge ; le pouvoir moléculaire $[\alpha]$ de la substance active ainsi étudiée s'obtiendra par la formule
suivante :

$$[\alpha] = \frac{\alpha}{l\,\varepsilon\,\delta}.$$

On peut en voir des applications numériques dans les Mémoires de l'Académie des Sciences, et dans les *Comptes rendus* de ses séances. Celui du
21 novembre 1839, en particulier, en renferme des exemples de toute espèce.
J'ai résumé toutes ces méthodes dans un Mémoire inséré aux *Annales de
Chimie et de Physique* pour l'année 1844, 3e série, tomes X et XI. Mais,
si l'on voulait faire une étude spéciale des phénomènes rotatoires, et approfondir les conséquences que la chimie peut en déduire, ces exemples ne
serviraient qu'imparfaitement sans la connaissance des principes qui les établissent. Alors, pour en avoir une idée complète, il faudrait recourir aux
ouvrages suivants :

Mémoire sur les rotations que certaines substances impriment aux plans
de polarisation des rayons lumineux (*Mémoires de l'Académie des Sciences,*
tome II, 1817);

Mémoire sur la polarisation circulaire, et ses applications à la chimie organique (*Mémoires de l'Académie des Sciences,* tome XIII, page 39);

Mémoire sur les modifications que la fécule et la gomme subissent sous
l'influence des acides (*Mémoires de l'Académie des Sciences,* tome XIII,
page 437): ce travail m'est commun avec M. Persoz;

Méthodes mathématiques et expérimentales pour discerner les mélanges
et les combinaisons chimiques définies ou non définies qui agissent sur la lumière polarisée; suivies d'applications aux combinaisons de l'acide tartrique

B. 4

avec l'eau, l'alcool et l'esprit-de-bois (*Mémoires de l'Académie des Sciences,* tome XV, page 93);

Mémoire sur plusieurs points fondamentaux de mécanique chimique (*Mémoires de l'Académie des Sciences,* tome XVI, page 229);

Applications de la polarisation circulaire à l'analyse de la végétation des graminées (*Nouvelles Annales du Muséum,* tome III, page 47);

Comparaison des lois suivant lesquelles les substances douées du pouvoir rotatoire dispersent les plans de polarisation des rayons lumineux d'inégale réfrangibilité (*Comptes rendus de l'Académie des Sciences,* 6 juin 1836, tome II);

Sur l'emploi des caractères optiques pour l'analyse quantitative des solutions qui contiennent des substances douées de pouvoir rotatoire (*Comptes rendus de l'Académie des Sciences,* tome XV, page 619);

Sur le degré de précision des caractères optiques dans leur application à l'analyse des matières sucrées, et dans leur emploi comme caractère distinctif des corps (*Comptes rendus des séances de l'Académie des Sciences,* tome XV, page 693);

Sur l'application des propriétés optiques à l'analyse quantitative des mélanges liquides ou solides, dans lesquels le sucre de canne cristallisable est associé à des sucres incristallisables (*Comptes rendus de l'Académie des Sciences,* tome XVI, page 619).

Dans toute cette suite de recherches, j'ai caractérisé le sens actuel des déviations par la désignation du sens de mouvement que l'observateur est obligé d'imprimer à l'alidade mobile pour rendre l'image extraordinaire E nulle, et retrouver ainsi la nouvelle direction sur laquelle le plan de polarisation primitif a été transporté, en supposant toujours que le point zéro de la polarisation primitive a été préalablement amené vers le sommet supérieur du cercle divisé. Les choses étant disposées ainsi, lorsque le mouvement de l'alidade a lieu de la gauche vers la droite de l'observateur, je l'ai indiqué par le signe + joint au caractère ⁄. Quand il s'opère, au contraire, de la droite vers la gauche, je l'ai indiqué par le signe — joint au caractère ∖. En suivant cette notation, l'expérimentateur écrit toujours les déviations telles qu'il les voit, au moment où il les observe; ce qui a pour lui deux avantages : le premier d'éviter toute chance d'erreur en écrivant ses résultats; le second de les reproduire facilement à ses yeux, comme à sa pensée, lorsqu'il les relit.

L'existence de la force rotatoire dans les fluides, avec les lois générales de dispersion qui l'accompagnent, et les indices qui la caractérisent, comme moléculaire, ont été présentés par moi à la première classe de l'Institut, dans ses séances des 23 et 3o octobre 1815. La première publication en a été faite dans le *Bulletin de la Société philomatique* pour décembre 1815, page 190.

Sur les moyens d'observation que l'on peut employer, pour la mesure des pouvoirs rotatoires (1).

Les personnes qui ont eu l'heureux hasard de découvrir une classe de phénomènes naturels, jusqu'alors inaperçue, et qui, par une étude patiente, se sont attachées à en établir les lois expérimentales avec l'exactitude nécessaire pour qu'on en puisse faire des applications sûres, sont exposées à deux sortes d'inconvénients. Le premier, c'est de n'être pas, ou de ne pas paraître toujours assez disposées à accueillir les changements que l'on veut introduire dans les procédés d'observation qu'elles ont mis en usage. Le second, c'est de voir proposer, comme simplifications, des dispositions nouvelles, qui ôteraient aux résultats la précision en laquelle consiste toute leur valeur scientifique, et qui, même, les dénatureraient entièrement. Il faut bien se résoudre alors à signaler l'imperfection ou l'erreur, pour empêcher qu'elles ne se propagent, et ne conduisent à tirer des conséquences fausses de faits qui seraient mal appréciés.

Ces considérations s'appliquent malheureusement avec trop de justesse, au choix des appareils que l'on peut employer pour mesurer les déviations qu'un grand nombre de substances, particulièrement d'origine organique, impriment aux plans de polarisation des rayons lumineux (2). On a prouvé que, dans l'état fluide, ce pouvoir est exercé individuellement par les molécules

---

(1) Ce Mémoire a été lu à l'Académie des Sciences, le 23 juin 1845, et il a été imprimé dans le *Compte rendu* relatif à cette date. Il m'a paru former un complément utile des instructions qui précèdent. C'est pourquoi j'ai cru devoir le joindre ici.

(2) L'ensemble de ces phénomènes, leurs lois physiques, et les formules qui servent pour calculer leurs applications à la chimie, ont été résumés dans les *Annales de Chimie et de Physique* pour 1844, en un Mémoire intitulé : *Sur l'emploi de la lumière polarisée pour étudier diverses questions de mécanique chimique*, 3e série, tome X, pages 5, 175, 307, 385, et tome XI, page 82. *Voyez* aussi un Mémoire intitulé : *Sur la cause physique qui produit le pouvoir rotatoire dans le quartz cristallisé; Comptes rendus des séances de l'Académie des Sciences*, tome VIII, 1er semestre de 1839, page 683.

(*Note ajoutée à l'impression.*)

4..

bonnes dispositions, jointes à une parfaite constance d'état de chaque appareil, qu'on doit aujourd'hui l'accord de tant de déterminations, et de résultats physiques, relatifs aux pouvoirs rotatoires, qui ont été obtenus depuis quelques années en France par des observateurs différents, ou par les mêmes observateurs à différentes époques, sans qu'il y ait eu un seul cas de discordance ou d'opposition.

Malheureusement, par une suite d'habitudes prises dans le courant ordinaire des opérations de chimie, cette condition si simple et si essentielle de mesurer les déviations dans l'obscurité, sur un appareil établi à demeure, a paru gênante et incommode à un grand nombre de personnes, même à des expérimentateurs qui, à la vérité, ne la jugeaient pas par pratique, mais par aperçu. Néanmoins je me suis bien gardé de l'abandonner pour le motif vain et condamnable de rendre ces phénomènes plus populaires, en sacrifiant la certitude de détermination indispensable pour leur utilité scientifique. Je me rappelle trop combien, avant d'avoir pris cette précaution, j'ai eu pendant longtemps de peine pour obtenir, par des répétitions multipliées et fatigantes, des résultats seulement approximatifs, dont une observation unique donne aujourd'hui les évaluations rigoureuses, en s'y conformant.

C'est sans doute afin de se plier à cette répugnance en rendant aussi l'appareil plus portatif et moins coûteux, qu'on a imaginé en Allemagne une disposition, qui peut, à la vérité, suffire pour des expériences usuelles et des applications pratiques; mais qu'il ne me semblerait pas désirable de voir s'introduire, sous cette forme, dans les recherches scientifiques, parce qu'elle en restreindrait la généralité et la rigueur.

On a remplacé la glace réfléchissante et le prisme biréfringent par deux prismes de Nicol, centrés sur un même axe, où ils sont maintenus à une dis-

---

ajoutée ayant une épaisseur de 1 millimètre, son action isolée aurait produit une déviation analogue, égale à $\frac{92°,5}{148}$ ou $0°,625$; ce qui, d'après la même loi, équivaut à une épaisseur de cristal de roche perpendiculaire à l'axe, égale à $1^{mm} \cdot \frac{0°,625}{24°,018}$ ou $\frac{26}{1000}$ de millimètre. Telle était donc l'ordre de faiblesse de l'action qui se manifestait si évidemment. La même couche de 1 millimètre, interposée seule devant le système des deux plaques de quartz de M. Soleil, ne m'a donné aucun indice de déviation appréciable, c'est-à-dire aucune différence perceptible entre leurs teintes préalablement amenées à l'égalité, quoique j'opérasse dans les mêmes conditions d'obscurité et de polarisation. Il convient de faire ces épreuves délicates sur des lames fluides plutôt que sur des lames de quartz, quand même on pourrait les obtenir aussi minces, afin d'éviter les effets que pourrait développer le moindre défaut de perpendicularité sur le rayon incident.

tance invariable, ayant un intervalle libre entre eux. Le plus éloigné de l'observateur est fixe. L'autre, derrière lequel on applique l'œil, peut tourner
angulairement autour de l'axe, entraînant une alidade qui marque ses mouvements sur le contour d'un cercle divisé qui lui est concentrique. Pour observer, on dirige l'appareil vers le ciel comme une lunette. Si l'on suppose la
construction des deux prismes mathématiquement parfaite, et leur centrage
rigoureusement exact, le faisceau lumineux qui a traversé le premier prisme
en sort polarisé en un seul sens; et le second, en tournant sur lui-même, en
donne une image toujours unique, d'intensité variable, qui est identique à
l'extraordinaire qu'extrairait du même faisceau un prisme biréfringent,
dont la section principale serait tournée dans la même direction angulaire
relative. La position initiale du prisme mobile est celle où il éteint absolument toute la lumière transmise par le premier. Quand on l'a reconnue, on
interpose la plaque solide ou liquide que l'on veut étudier, et l'on détermine
la quantité de la déviation, ainsi que l'intensité spécifique du pouvoir rotatoire, par les méthodes que j'ai données. M. Mitscherlich, de qui je tiens ces
détails, m'a dit que l'appareil ainsi modifié, et réduit à un prix très-modi-
que, est devenu en Allemagne d'un usage général parmi les fabricants de
sucre de betteraves, pour diriger la série de leurs opérations (1). Lui-même
l'emploie habituellement pour l'étude des urines diabétiques et pour toutes ses

---

(1) Sur cette application spéciale des propriétés optiques à l'analyse des matières sucrées,
voyez les *Comptes rendus des séances de l'Académie des Sciences,* tome XV, 2e semestre de
1842, pages 619 et 693. Relativement aux solutions incolores de sucre de canne *pur,* soient l
la longueur du tube d'observation en millimètres, α la déviation de la teinte de passage,
observée à l'œil nu, et exprimée en degrés sexagésimaux; on aura :

Poids absolu de sucre cristallisable contenu dans un litre de la solution (en grammes).. $1400\,\dfrac{\alpha}{l}$.

Dans un appareil usuel, tel que celui qui est décrit ici dans le texte, l est constant ainsi
que le rapport $\dfrac{1400}{l}$. Donc, si l'on forme un tableau numérique du produit de ce rapport
par les diverses valeurs de α espacées de degré en degré, on connaîtra tout de suite le nombre
de grammes de sucre pur que chaque déviation observée indique dans un litre de la solution.

Par exemple, si la longueur l du tube est 200 millimètres, le rapport $\dfrac{1400}{200}$ sera 7. Ainsi chaque degré de déviation répondra à 7 grammes.

Si la solution était mêlée de sucre cristallisable et de sucre incristallisable, on en démêlerait
les proportions par une épreuve auxiliaire, qui est décrite, et justifiée par des expériences,
au tome XVI des *Comptes rendus,* 1er semestre de 1843, page 619.

(*Note ajoutée à l'impression.*)

recherches de chimie optique. Il s'en est servi dans un travail spécial sur la fabrication des sucres, qu'il doit bientôt publier; et il a découvert ainsi plusieurs faits extrêmement remarquables, sur les variations que le sucre de canne, interverti par les acides ou par la fermentation, éprouve temporairement dans l'intensité de son pouvoir rotatoire, lorsqu'on l'expose à une succession de températures diverses, trop peu élevées pour lui imprimer une altération permanente. Ce phénomène est analogue à celui que j'avais antérieurement observé sur l'acide tartrique; mais le pouvoir rotatoire du sucre interverti parcourt une amplitude de variations beaucoup plus grande. J'ignore si cet emploi des deux prismes de Nicol, d'ailleurs facile à imaginer, n'a pas été occasionnellement réalisé en France. Du moins, je sais qu'un expérimentateur habile, M. Regnault, l'avait conseillé il y a longtemps, pour des usages pratiques. Son avantage spécial est de donner beaucoup de lumière. On y dépend de l'artiste pour la bonne confection des deux prismes. Mais ces pièces s'exécutent aujourd'hui avec assez de perfection pour que la polarisation du faisceau transmis soit sensiblement complète, même dans l'obscurité; et il faudrait vérifier avec beaucoup de soin que cette condition est exactement remplie pour une lumière aussi intense que celle du ciel, avant d'employer un semblable appareil à des recherches de précision. Dans ce cas, en outre, on devrait regretter qu'il ne donne qu'une seule image; mais on en aurait deux si l'on conservait le prisme biréfringent du côté de l'œil. Alors, en mettant toujours le corps de l'instrument et l'observateur dans l'obscurité, on aurait un appareil à intervalles variables, qui serait non moins sûr, mais beaucoup plus lumineux que celui qui m'a jusqu'à présent servi; et l'on pourrait raisonnablement y adapter des subdivisions plus minutieuses pour la mesure des angles. Je ne désespère pas d'avoir avant peu, à ma disposition, des morceaux de spath d'Islande assez volumineux et assez purs pour réaliser ce projet. D'autres particularités qui ajouteraient encore à la précision des résultats, et qui permettraient d'entreprendre des recherches de la dernière délicatesse, ont été conçues par l'excellent physicien que je viens de désigner. Mais c'est à lui qu'il appartient de les dire, et personne ne serait plus heureux que moi de lui voir appliquer à ce genre de phénomènes cette rare faculté d'exactitude, ainsi que de sagacité inventive, qu'il porte dans tous ses travaux. On aurait bien tort de supposer que je pusse voir sans un vif plaisir des perfectionnements pareils. Le caractère moléculaire du phénomène, et la fixation de ses lois expérimentales, sont les deux seules choses auxquelles je puisse attacher quelque prix et quelque espérance de durée.

Une autre disposition pour observer les déviations à la lumière du jour

a été récemment présentée à l'Académie au nom d'un artiste français qui s'est
montré fort habile dans la taille des cristaux, et qui a imaginé ou construit
une multitude d'instruments relatifs aux phénomènes de double réfraction et
de polarisation, aujourd'hui répandus dans tous les cabinets de physique.
C'est précisément pour cela que je crois nécessaire d'exprimer mon sentiment
sur sa nouvelle invention. Cet artiste est M. Soleil, qui a construit aussi un
grand nombre de mes appareils, actuellement employés en France ou dans
l'étranger. L'idée qu'il a voulu réaliser est fort ingénieuse; et si elle ne peut
pas servir pour mesurer généralement les déviations, comme je vais le prou-
ver tout à l'heure, cela ne lui fait aucun tort, puisque l'inaptitude de son
procédé pour cette opération tient à des particularités théoriques qu'il pouvait ne pas connaître, étant si délicates qu'elles n'ont pas été aperçues du
premier coup d'œil, par des personnes très-habiles. L'instrument de M. Soleil
se compose de deux plaques de cristal de roche perpendiculaires à leur axe
individuel, exerçant des rotations de sens contraire, ayant la même épaisseur, leurs axes parallèles, et accolées latéralement en une plaque unique, avec
une justesse propre à cet artiste. Supposez un appareil composé comme le
mien, d'une glace polarisante et d'un prisme analyseur. On interpose d'abord
la double plaque normalement au faisceau polarisé; et, si la section principale du prisme analyseur ne coïncide pas avec le sens de la polarisation,
supposé unique, les portions du faisceau transmises à travers l'une et l'autre
plaque donnent des images colorées de teintes diverses. Alors on tourne le
prisme jusqu'à ce que l'identité des teintes ait lieu, et sa section principale
se trouve ramenée dans le plan de la polarisation primitive par ce caractère.
Cette première application du procédé est exacte. Seulement, après l'avoir
essayée, je ne la trouve pas pratiquement plus précise, ni plus facile, ni plus
prompte, que le retour direct du prisme à la polarisation primitive, dans
l'obscurité (1). Elle ne peut même équivaloir à cette restitution directe qu'en
supposant la coupe des plaques et leur assemblage parfaits. Il y a aussi des
conditions de perpendicularité dans l'interposition, que je passe sous silence.
En somme, c'est un intermédiaire inutile entre le résultat et l'observateur,
puisque celui-ci peut le suppléer par lui-même avec plus de sûreté, et non
moins de précision. Dans les déterminations expérimentales, l'addition d'une

---

(1) En effet, toutes les fois que j'ai opéré ce retour direct, ce qui se fait en un moment,
dans mon appareil, quand le ciel n'est pas très-sombre, l'interposition du système des deux
plaques de quartz ne m'a jamais présenté aucune différence de teintes que je pusse apprécier.

B. 5

pièce dont on peut se passer n'est pas un perfectionnement. C'est un ennemi de plus qu'on se donne.

Ce petit appareil restant ainsi inséré dans le trajet du rayon lumineux polarisé en un seul sens, et les deux teintes étant ramenées à l'identité, on interpose, avant ou après lui, la substance dont on veut mesurer le pouvoir rotatoire. Pour plus de simplicité, je suppose que ce soit une colonne d'un liquide actif, contenue dans un tube fermé par des glaces minces et parallèles. Alors, si l'on place le centre de la pupille dans le plan de jonction des deux plaques de quartz, de manière à recevoir simultanément les rayons transmis par l'une et par l'autre, chaque demi-image, donnée par le prisme biréfringent, se montre colorée d'une teinte différente, l'une étant formée par les actions rotatoires dont les sens conspirent, l'autre par celles qui sont de sens opposé. Ceci ayant lieu, il faut, selon la prescription de l'inventeur, tourner le prisme biréfringent vers la droite, ou vers la gauche, jusqu'à ce que chaque demi-image se trouve ramenée à une exacte identité d'intensité et de teinte, comme dans la position initiale; et l'arc que sa section principale aura décrit, mesurera l'angle de déviation propre à la substance interposée. Ici est l'erreur théorique. Car cette double restitution d'identité n'est rigoureusement possible que si la lumière transmise est simple, auquel cas la mesure directe de la déviation serait équivalente, et s'obtiendrait encore avec plus de sûreté, sans l'intermédiaire des deux plaques. Quand on opère sur la lumière blanche, ce qui est le but principal de l'application proposée, aucune position du prisme biréfringent ne peut donner des demi-images qui soient rigoureusement de même intensité et de même teinte, quoique leur dissemblance puisse cesser d'être appréciable à l'œil avec une lumière peu vive, quand l'action propre de la substance interposée est restreinte à certaines limites de faiblesse. C'est ce que le raisonnement et l'expérience s'accordent à montrer.

Je commence par la démonstration théorique. Soit i l'angle de déviation que la plaque dont on veut mesurer le pouvoir rotatoire, imprime, par son action propre, au plan de polarisation primitif d'un faisceau lumineux de refrangibilité définie. Nommons $-a$, $+a$ les déviations analogues que chacune des plaques de quartz assemblées imprimerait isolément au plan de polarisation de ce même faisceau. Quand toutes ces actions s'exerceront simultanément, par couples, les portions du faisceau qui les auront individuellement subies, se trouveront respectivement polarisées dans les directions $i-a$, $i+a$. Alors, pour que le prisme biréfringent dédouble chacune d'elles en deux images, dont les intensités soient respectivement égales, en s'écartant de i de moins qu'un quadrant, il faudra placer sa section principale dans la direction intermédiaire i. En effet, si l'on suppose généralement cette section déviée de l'angle α à partir du plan de polarisation primitif, dans la limite précédente, et que l'on nomme F_e, F'_e les intensités de l'image extraordinaire, obtenue à travers chacune des deux plaques, l'intensité totale du faisceau étant I, on aura en général,

$$F_e = I\sin^2(i - a - \alpha); \qquad F'_e = I\sin^2(i + a - \alpha).$$

Ces expressions deviendront égales entre elles si l'on fait $\alpha = i$; et elles ne peuvent l'être convenablement pour notre but, que pour cette valeur. Car les autres qui satisferaient analytiquement à la même condition d'égalité se rejoindraient à celle-là par des demi-circonférences, ou par des quadrants que la nature du problème exclut. Dans ce cas, les deux images homologues formées à travers l'une et l'autre plaque de quartz seront aussi de même teinte, puisque la lumière transmise est supposée d'une même réfrangibilité. Mais cette position angulaire du prisme est la seule où les conditions d'identité puissent avoir lieu, dans les limites d'écart assignées.

Supposons maintenant que le faisceau transmis à travers le système mixte contienne des rayons de réfrangibilités diverses, mais toujours primitivement polarisés en un sens unique. Le raisonnement que nous venons de faire sera applicable à chacun d'eux. Seulement il faudra désigner par des indices distincts les éléments angulaires i et a qui y correspondent, parce que, toutes les autres circonstances restant d'ailleurs égales, leurs valeurs varient avec la réfrangibilité, en suivant des lois différentes dans les substances diverses. Alors, quand les portions du faisceau total qui traversent l'une ou l'autre plaque de quartz auront aussi traversé l'épaisseur commune de la substance active qu'on leur associe, les divers rayons simples qui les composeront, auront pris des directions de polarisation diverses, respectivement correspondantes aux éléments angulaires exprimés dans les deux colonnes suivantes.

Sens de polarisation final des rayons qui ont subi successivement les actions rotatoires.

Opposées.	*Conspirantes.*
$i_1 - a_1$	$i_1 + a_1$
$i_2 - a_2$	$i_2 + a_2$
$i_3 - a_3$	$i_3 + a_3$
etc.	etc.

Si l'on veut que le prisme analyseur, sous les restrictions d'écart prescrites, forme des images d'intensité identique avec un quelconque des couples ainsi déviés, il faudra tourner sa section principale dans la direction angulaire moyenne, i_1, i_2, i_3,..., propre à ce couple-là (1). Or, ces directions sont toutes différentes entre elles, et le sont considérablement dans l'appareil à deux plaques, à cause de leur grande épaisseur. Donc, la condition d'égale intensité ne pourra pas être remplie, par une même position du prisme, pour toutes à la fois. Ainsi, lorsqu'un des rayons simples entrera en même quantité, dans les deux moitiés d'une même image, soit ordinaire, soit extraordinaire, tous les autres y entreront en quantités inégales. De sorte que, jamais, dans aucune position du prisme, ces moitiés ne pourront devenir totalement identiques entre elles, ni pour la teinte ni pour l'intensité.

Toutefois, si la couche active interposée a un pouvoir propre très-faible, les déviations i_1, i_2, i_3,..., qu'elle imprime à chacun des rayons simples qui ont traversé les deux plaques de quartz, peuvent être si peu différentes entre elles, que l'effet de leur inégalité devienne insensible pour l'œil, dans les images résultantes formées par une lumière peu vive, quand la section principale du prisme analyseur sera tournée sur quelque direction intermédiaire entre leurs valeurs. Il faudra alors chercher théoriquement quelle est cette direction; puis, quand on la connaîtra, il faudra chercher si, pour une même substance, sa déviation angulaire est proportionnelle à l'épaisseur des couches, comme cela a lieu dans les observations directes sur la lumière simple, et comme cela a lieu aussi avec la lumière blanche pour une certaine teinte spéciale de l'image extraordinaire, lorsque les substances observées dispersent les plans de polarisation sensiblement suivant les mêmes lois que le cristal de roche, ainsi que je l'ai démontré depuis beaucoup d'années. Tant qu'on n'a pas établi ces rapports entre les angles de déviation et les épaisseurs, on peut bien manifester des pouvoirs rotatoires, mais on ne peut pas dire qu'on les mesure. Or, c'est de leur mesure que résulte leur utilité.

Quoique ce soient là autant de conséquences nécessaires des lois physiques qui règlent les actions rotatoires, j'ai voulu les vérifier par l'expérience sur des systèmes actifs d'énergies progressivement décroissantes, afin d'y rendre d'abord les dissemblances prévues plus distinctement saisissables. J'en ai fait l'épreuve avec un de ces petits systèmes à doubles plaques de quartz, que j'ai acquis de M. Soleil. Pour cela, opérant toujours dans l'obscurité,

---

(1) J'exclus toujours les directions rectangulaires aux i_1, i_2, i_3,..., qui s'éloigneraient des conditions dont on veut se rapprocher dans la question physique, et qui donneraient lieu à des conséquences pareilles.

(*Note ajoutée à l'impression.*)

condition indispensable à toute observation de ce genre que l'on veut rendre précise, j'ai placé d'abord, dans mon appareil, une colonne de sirop de sucre de canne, parfaitement diaphane; puis, j'ai tourné la section principale du prisme biréfringent, jusqu'à ce que l'image extraordinaire présentât cette remarquable teinte bleue violacée, immédiatement ultérieure au bleu foncé, antérieure au rouge, que j'ai appelée la teinte de passage, et qui coïncide avec la déviation du rayon jaune simple. Cette teinte ne peut s'obtenir qu'avec les substances qui dispersent les plans de polarisation sensiblement suivant les mêmes lois que le cristal de roche, ce qui est le cas des solutions de sucre de canne. Elle se trouva réalisée lorsque la section principale du prisme fut déviée vers la droite de $92°,5$. Tel était donc le pouvoir de la colonne sur le rayon jaune simple, d'après les lois que j'ai établies. Laissant le prisme dans cette position, j'interposai l'appareil à double plaque, en plaçant le centre de la pupille dans leur plan de jonction. Alors les deux demi-images extraordinaires se montrèrent excessivement discolores, comme on devait s'y attendre, puisque leur identité primitive était modifiée dans l'une par différence, dans l'autre par somme. Le mouvement du prisme les faisait varier par les accidents les plus bizarres, sans qu'aucune position pût les approcher de la ressemblance, encore moins les ramener à l'identité. Les demi-images ordinaires étaient aussi discolores entre elles, mais moins que les extraordinaires, dans les positions initiales du prisme que j'ai d'abord désignées, parce que les conditions rotatoires des deux systèmes y rendaient alors la lumière beaucoup plus abondante et plus mélangée.

Ces dissemblances se sont encore maintenues très-manifestes, tant que la déviation opérée par la colonne liquide, étant observée à l'œil nu, n'a pas été moindre que 48 degrés, ce qui répond à une épaisseur de 2 millimètres de cristal de roche perpendiculaire à l'axe. Pour des actions plus faibles, et au degré d'intensité de la lumière sur laquelle j'opérais, l'identité des teintes se restituait sensiblement pour l'œil, dans la même position angulaire du prisme où la teinte de passage se formait directement, les plaques de quartz n'étant pas interposées. C'est-à-dire que, dans ces circonstances, les limites d'exactitude des deux appréciations ne me permettaient plus de constater entre elles des différences certaines. J'ai suivi cette concordance de résultats approximatifs jusqu'à une épaisseur, du même sirop de sucre, égale à $3^{mm},485$, laquelle produisait à l'œil nu une déviation de $2°,18$: cela équivaut à l'effet d'une lame de cristal de roche perpendiculaire à l'axe, qui aurait pour épaisseur $\frac{907}{10000}$ de millimètre. Ainsi, à ces limites d'affaiblissement de l'action, le système additionnel des deux plaques employées ne faisait que reproduire, par la condition d'égalité des teintes, les mêmes mesures qu'on obtient aussi bien, et avec plus de sûreté, sans son secours, puisqu'on ne dépend de personne. Si l'on voulait évaluer des déviations encore moindres que celles-là, on y parviendrait encore directement, comme je l'ai souvent fait, en les combinant par somme ou par différence avec une colonne liquide de rotation connue ; et j'ai rapporté plus haut, en note, une expérience de ce genre, où la déviation évaluée a été seulement $0°,625$, telle que la produirait une lame de cristal de roche perpendiculaire à l'axe ayant $\frac{26}{1000}$ de millimètre d'épaisseur. Mais ce sont là des essais de pure curiosité : car, pour des recherches réelles de chimie optique, on n'a jamais besoin de descendre à des déviations si faibles, pas plus que d'en employer qui dépassent, ou seulement atteignent, une demi-circonférence. Les degrés intermédiaires entre ces extrêmes sont bien plus sûrs et bien plus faciles à évaluer. Il ne faut pas se persuader non plus que l'on apportera le moindre perfectionnement à cette étude, par un luxe de subdivisions et de verniers subtils, ajustés à des appareils qui opèrent la polarisation d'une manière incomplète et même grossière, comme est celui de Noremberg, qu'on y applique trop souvent, en l'écartant du simple but d'exhibition auquel il avait été très-bien approprié par son auteur. Avant de prétendre à ces raffinements mécaniques, il faut songer à perfectionner les éléments physiques de l'observation, en se procurant un faisceau plus abondant en lumière, et des moyens de polarisation plus rigoureux, qui permettent d'opérer sur des rayons simples d'une réfrangibilité strictement définie. C'est là que doivent tendre nos efforts, et c'est ce que réalisera sans doute, tôt ou tard, l'excellent physicien dont je ne fais ici qu'exprimer les vues. Jusque-là, employons nos appareils pour en tirer des résultats d'une approximation bien assurée, dans les limites de précision qu'ils peuvent atteindre, mais gardons-nous d'altérer leur simplicité et leur sûreté, par des complications d'auxiliaires qui pourraient diminuer, ou fausser, la certitude actuelle de leurs indications plutôt que l'accroître. On me pardonnera de former ce vœu. L'étude des déviations est encore aujourd'hui très-nouvelle ; les auteurs des Traités élémentaires de physique ont pu à peine indiquer son existence, parce que son exposition exigerait des détails trop minutieux pour pouvoir être offerts utilement à la généralité de leurs lecteurs. On a seulement commencé à présenter ces phénomènes, avec autant d'habileté que d'exactitude, dans quelques-uns des cours de nos grands établissements scientifiques. C'est là qu'on peut les voir avec fruit, en s'aidant des Mémoires spéciaux, où l'on a établi leurs lois et leurs applications ; mais il y aurait beaucoup moins d'inconvénient à les ignorer qu'à s'en former des idées fausses.

Si l'on considère le système des doubles plaques de M. Soleil, non pas comme une pièce utile à introduire dans nos instruments de recherche, mais pour ses effets optiques propres, il peut, avec l'excellente construction que cet artiste lui donne, fournir des sujets d'études théoriques très-curieux. On peut se demander d'abord à quelle réfrangibilité appartient la déviation que l'on observe quand l'identité des teintes y est sensiblement rétablie, en combinaison avec des actions rotatoires très-faibles, qui suivent les mêmes lois de dispersion que le quartz? puis, si, pour un même système de plaques, combiné avec des couches actives très-minces et d'une même nature, ces déviations sont proportionnelles aux épaisseurs des couches? puis, si le coefficient de ce rapport change avec l'épaisseur des plaques, et comment il change? enfin, si le choix d'épaisseur auquel l'artiste a été conduit par la pratique est indifférent ou spécial pour ce but? Toutes ces questions peuvent se résoudre directement, par les méthodes de calcul que j'ai exposées dans un Mémoire sur la polarisation circulaire, inséré au tome XIII de la Collection de l'Académie; et il n'est pas inutile de les traiter ainsi pour constater l'exactitude de ces méthodes, par cette nouvelle épreuve, comme je l'avais fait déjà dans un Mémoire antérieur sur un grand nombre de plaques de quartz perpendiculaires à l'axe, dont j'avais analysé ainsi les actions rotatoires comparativement avec l'observation. J'ai déjà effectué cette application pour moi; mais je n'ai pas eu le temps d'en rédiger les détails, de manière à les présenter aujourd'hui; et, ayant à terminer un autre travail, que je ne puis interrompre, je dois en remettre l'exposition à quelques semaines. On y verra un nouvel exemple de l'incroyable fidélité de la règle expérimentale donnée par Newton, pour calculer les teintes composées, résultantes de la mixtion d'un nombre quelconque, assigné, de rayons simples. »

(Lorsque le Mémoire précédent fut imprimé dans les *Comptes rendus*, on le fit suivre, dans le même numéro, par une Note qui, jusqu'alors, n'avait pas été portée à la connaissance de l'Académie. Cela nécessita, de ma part, les réflexions que l'on va lire, et qui furent insérées au *Compte rendu* suivant.)

Lorsque je rédigeai le Mémoire qui est inséré dans le dernier numéro des *Comptes rendus*, le texte de la Note de M. Soleil, qui termine ce même numéro, n'avait pas encore été porté à la connaissance de l'Académie; et ainsi je ne pouvais que démontrer l'inaptitude du procédé de mensuration proposé par cet artiste, indépendamment des considérations par lesquelles il a voulu le justifier. Aujourd'hui que la Note où il l'expose est imprimée, je puis déclarer que la plupart des principes théoriques, et des méthodes pratiques que cette Note m'attribue, y ont été, involontairement sans doute, présentés sous des points de vue fort inexacts, qui en feraient concevoir des idées très-fausses. C'est ce qu'on peut reconnaître en consultant deux Mémoires insérés aux tomes II et XIII de la Collection de l'Académie, en date des années 1818 et 1832, où ces principes et ces méthodes ont été originairement établis sur le calcul et l'expérience, avec toutes les conditions nécessaires pour rendre leur emploi sûr et précis (1). Je n'ai fait qu'en résumer les résultats généraux dans les instructions publiées au *Compte rendu* du 7 septembre 1840, me reposant sur la pratique pour faire distinguer, parmi les précautions que j'y recommande, celles qui suffisent aux observations courantes, et celles qui sont indispensables pour rendre le premier établissement de l'appareil rigoureux.

Comme un grand nombre de ces appareils, qui sont entre les mains des physiciens et des chimistes, ont été construits, sur mes indications, par l'artiste que je viens de nommer, j'ai jugé cette déclaration nécessaire pour qu'on ne pensât point que j'accepte, le moins du monde, les idées qu'il donne de leur usage dans les recherches scientifiques, et pour prévenir les erreurs graves dans lesquelles tomberaient les expérimentateurs qui voudraient opérer comme il le dit. Cela n'ôte rien d'ailleurs à la bonne opinion qu'on doit avoir de son habileté et de son adresse pour l'exécution des instruments qui servent à l'optique expérimentale. Les lois abstraites des phénomènes de déviations sur lesquelles leur mensuration repose, dépendent d'une série de considérations mathématiques et physiques très-délicates. Leur étude exige un ensemble d'antécédents théoriques qu'un artiste, même fort habile, peut n'avoir pas eu l'occasion d'acquérir.

Je terminerai cet opuscule par l'indication des recherches de chimie optique faites dans les établissements de la Pharmacie centrale, de l'Hôtel-Dieu et de l'hospice Beaujon.

---

(1) Les dates mentionnées ici sont celles de la lecture des Mémoires cités. Les volumes où ils sont insérés portent les dates des années 1817 et 1835.

PHARMACIE CENTRALE.

Recherches expérimentales sur les produits sucrés du maïs ; par MM. **E. Sou-**
beiran *et* **Biot.** (*Comptes rendus de l'Académie des Sciences du* 12 *sep-*
tembre 1842.)

On a établi dans ce travail les résultats suivants : 1° les tiges de maïs, récoltées après la
floraison, contiennent du sucre de canne cristallisable, mêlé à une très-petite quantité de
sucre analogue au sucre de fécule ; 2° la proportion totale de ces deux sucres, dans un poids
donné de jus extrait à froid, par pression, est relativement plus grande dans les tiges dont on
a enlevé les fleurs femelles, que dans celles qui ont porté des fruits, comme M. Pallas l'avait
annoncé ; 3° mesure des quantités absolues de ces sucres, dans le suc des tiges ainsi traitées
et soumises à l'analyse optique.

Mémoire sur les Camphènes ; par MM. **E. Soubeiran** *et* **Capitaine.** (*Journal*
de Pharmacie, tome **XXVI**, page 5.)

Sous le nom de camphènes, MM. Soubeiran et Capitaine ont étudié les huiles essentielles
qui contiennent le carbone et l'hydrogène unis dans le rapport atomique de 5 à 8, et qui
sont susceptibles de former des combinaisons avec l'acide chlorhydrique. Les huiles qu'ils
ont ainsi étudiées, sont celles de térébenthine, de citron, d'orange, de bergamotte, de
cubèbes, de copahu, de genièvre et de poivre. Ils ont fait l'histoire chimique de ces essences,
et celle des combinaisons qu'elles forment en s'unissant à l'acide chlorhydrique. Ils ont re-
cherché, en particulier, si ces essences conservent leur pouvoir de rotation propre, dans ces
combinaisons, et de plus si, après en avoir été retirées par les procédés chimiques, elles ont
conservé leur état moléculaire primitif ou celui qu'elles avaient pu prendre en se combinant.

Les observations de MM. Soubeiran et Capitaine sur le pouvoir rotatoire propre aux
huiles volatiles de la famille des Camphènes se résument ainsi :

1°. Toutes les huiles essentielles naturelles ($C^5 H^8$) ont une action sur la lumière polarisée
qui se manifeste, pour les unes, par une déviation des rayons vers la droite de l'observateur,
pour les autres, par une déviation vers la gauche.

2°. Aucune des essences obtenues par la décomposition des camphres artificiels ne présente
l'indice d'un pouvoir rotatoire.

3°. Les huiles qui entrent comme base dans la composition des camphres artificiels ont
offert trois groupes différents. Dans le premier, la base du camphre a conservé le pouvoir
rotatoire propre à l'essence qui l'avait formé, et n'est probablement que cette essence elle-
même ; savoir : le camphène et le junipérilène. Dans le second groupe, l'huile combinée a
un pouvoir de rotation supérieur à celui de l'essence primitive ; le cubibène seul a présenté
ce caractère. Enfin, dans le troisième groupe, la base du camphre artificiel n'exerce aucune
rotation, bien qu'elle provienne d'une huile volatile qui dévie les rayons de lumière polarisée.

B.   6

Étude des changements moléculaires que le sucre éprouve sous l'influence de l'eau et de la chaleur; par M. E. SOUBEIRAN. (*Journal de Pharmacie,* tome II, page 89.)

Dans ce Mémoire, M. Soubeiran a étudié l'action combinée de l'eau et de la chaleur sur les trois espèces de sucre : sucre de canne, sucre en grains, sucre de fruits. Il a soumis le sirop fait avec chacun de ces sucres à une digestion prolongée, à l'abri du contact de l'air, et il a suivi, pas à pas, les changements qui s'opéraient dans ces sirops, en constatant ceux qui s'étaient faits dans leur pouvoir rotatoire, à des époques très-rapprochées de l'opération. Il a constaté ainsi que le sucre en grain (glucose de Dumas) résiste avec une merveilleuse ténacité ; tandis que le sucre de fruits est plus altérable que le sucre de canne lui-même. Cette altération se manifeste par une coloration sans cesse croissante de la liqueur, et par le changement de son pouvoir rotatoire qui, d'abord dirigé vers la gauche, va sans cesse en s'affaiblissant, pour devenir nul et marcher ensuite vers la droite.

Quant au sucre de canne, l'action combinée de l'eau et de la chaleur peut être assimilée aux phénomènes qui se produisent sous l'influence des acides étendus ; seulement, comme l'eau n'a qu'une réaction très-faible, la chaleur et le temps doivent nécessairement lui venir en aide. La conversion est d'autant plus prompte, que la température est plus élevée et que le sirop est plus concentré. Dans cette transformation du sucre de canne, il est changé en sucre de fruits, exerçant la rotation vers la gauche. C'est celui-ci qui, par sa destruction, donne naissance aux matières colorantes qui foncent de plus en plus la couleur du sirop. Dans le travail de fabrication et de raffinage du sucre, cette décomposition n'est jamais poussée très-loin ; aussi les mélasses qui restent comme dernier produit conservent-elles un pouvoir de rotation à droite considérable.

Propriétés du sucre de fruits ; par M. E. SOUBEIRAN.

Les caractères essentiels du sucre de fruits, quelle que soit son origine, sont, comme on le sait, de ne pouvoir prendre un état solide régulier, et de dévier à gauche le plan de polarisation des rayons lumineux. Lorsqu'un sirop concentré fait avec ce sucre est abandonné à lui-même, on le voit, au bout d'un temps plus ou moins long, se convertir en une masse formée de grains cristallins, qui ne sont autre chose que le sucre en grains avec sa rotation vers la droite.

M. Soubeiran a constaté, depuis, que le sucre de fruits peut être amené à l'état solide sans perdre son pouvoir de rotation vers la gauche. Pour qu'il se transforme, il faut qu'il se produise une agrégation régulière par le fait de la cristallisation.

1°. Du sucre de fruits a été amené à l'état solide par une évaporation au bain-marie. En le redissolvant dans l'eau, il exerçait la déviation vers la gauche, comme auparavant. (Ce fait a été aussi constaté par M. Mitscherlich.)

2°. Du sucre de fruits a été précipité par l'acétate de plomb ammoniacal. Le précipité de sucre de plomb et de sucs qui s'est formé a été lavé pour le priver de toute portion de sucre adhérente. Ce précipité a été soumis à l'action d'un courant d'hydrogène sulfuré qui a séparé le plomb. On a retrouvé dans la liqueur le sucre avec sa rotation à gauche.

(43)

3°. Du sucre de fruits a été traité comme précédemment; mais le précipité a été desséché avant d'être décomposé par l'hydrogène sulfuré; le résultat a été le même.

4°. Une dissolution alcoolique de potasse caustique a été mélangée à une dissolution alcoolique de sucre de fruits; il s'est séparé une combinaison poisseuse de potasse et de sucre. Cette combinaison, après avoir été lavée à plusieurs reprises avec de l'alcool, a été reprise par de l'alcool chargé d'un peu d'acide sulfurique. Il s'est séparé du sulfate de potasse, et l'alcool a retenu en dissolution du sucre tournant à gauche.

5°. Du sel marin a été dissous dans du sirop de sucre de fruits, et la liqueur a été abandonnée à elle-même dans une pièce sèche et aérée. Au bout de quelques mois il s'est fait des cristaux réguliers, pareils à ceux que l'on obtient avec le sucre en grains (glucose). Ces cristaux avaient un pouvoir de rotation à droite. Au moment où la cristallisation s'était faite, le sucre de fruits était devenu partie constituante d'un produit cristallisé. Son pouvoir rotatoire avait changé.

M. Mitscherlich a analysé le sucre de fruits desséché à 100 degrés jusqu'à ce qu'il cesse d'abandonner de l'eau; il lui a trouvé la composition $C^{12} H^{24} O^{12}$. M. Soubeiran a trouvé exactement le même résultat. De plus, il a observé que les combinaisons du sucre de fruits avec les bases, chaux, baryte, oxyde de plomb, ont une composition correspondante à celle formée par le glucose, composition toutefois différente de celle qui a été donnée par M. Peligot. Les expériences de M. Soubeiran établissent donc l'isomérie du sucre de fruits et du sucre en grains; le sucre de fruits se change en sucre en grains par un changement moléculaire qui se manifeste par le passage à l'état cristallin; mais le sucre en grains, une fois formé, ne revient pas à l'état de sucre de fruits.

Note sur la fermentation des sucres; par M. E. Soubeiran. (*Journal de Pharmacie,* tome IV, page 347.)

M. Mitscherlich avait publié que le sucre en grains (glucose) et le sucre liquide de fruits sont changés en alcool dans l'acte de la fermentation sans passer par un état intermédiaire; que le premier conserve sa rotation à droite et le second sa rotation à gauche, à mesure que le sucre se décompose, et que par conséquent ce sont ces sucres eux-mêmes qui entrent en fermentation. M. Biot avait annoncé, de son côté, que le sucre de canne se change tout d'abord en sucre de fruits. Cependant M. Soubeiran avait constaté des résultats différents; il résulte d'une Note qu'il a publiée en novembre 1843 :

1°. Que le sucre de canne est véritablement changé, par la fermentation, en sucre de fruits, caractérisé par un pouvoir de rotation à gauche;

2°. Qu'il n'est pas exact de dire que le sucre de canne est transformé tout entier en sucre de fruit aussitôt que le mouvement de fermentation est établi, mais qu'au contraire ce changement se fait peu à peu, la liqueur contenant encore du sucre de canne à une époque où la fermentation approche beaucoup de sa fin. (M. Biot a reconnu l'exactitude de cette remarque; son erreur venait de ce qu'il avait opéré sur des sucs naturels très-peu chargés de sucre, où la réaction paraissait se faire instantanément.)

3°. Que le sucre de raisin et le sucre liquide sont détruits directement par la fermentation, sans passer par un état intermédiaire.

6..

HOTEL-DIEU.

Étude du diabète sucré; par M. **Bouchardat.**

Depuis le commencement de 1840, M. Bouchardat a constamment employé l'appareil de polarisation pour déterminer la quantité de sucre contenu dans les urines diabétiques. Les résultats qu'il a obtenus sont consignés, 1° dans un Mémoire imprimé dans l'*Annuaire de Thérapeutique* pour 1842; 2° dans un nouveau Mémoire présenté à l'Académie le 7 janvier 1845, qui sera imprimé dans l'*Annuaire de Thérapeutique* de 1846.

Sur la digestion des matières sucrées et féculentes ; par MM. **Bouchardat** *et* **Sandras.** (Mémoire imprimé par extrait dans le *Compte rendu de l'Académie des Sciences* du 20 janvier 1845.)

On a pu, à l'aide de l'appareil, suivre les modifications les plus légères des matières sucrées et féculentes.

Sur les propriétés optiques des alcalis végétaux ; par M. **Bouchardat.** (Mémoire imprimé dans le numéro d'octobre 1843 des *Annales de Chimie et de Physique.*)

Voici la liste des matières examinées et leurs principales propriétés optiques :

1°. La *morphine :* cet alcali, observé dans ses solutions, soit à l'état d'isolement, soit en présence des acides ou des alcalis, exerce toujours la déviation vers la gauche. Lorsqu'il se trouve en présence des acides, il porte dans la combinaison son pouvoir propre sensiblement inaltéré, et il en ressort dans son état primitif quand on sature l'acide; mais la présence prolongée des alcalis minéraux altère ce même pouvoir d'une manière durable.

2°. La *narcotine :* cet alcali, observé dans ses solutions à l'état d'isolement, exerce une déviation à gauche très-énergique. Si l'on ajoute des acides à ces solutions, le pouvoir passe à droite; il revient vers la gauche en saturant l'acide par l'ammoniaque.

3°. La *strychnine :* en solution isolée, elle exerce un pouvoir très-considérable vers la gauche. L'addition des acides affaiblit beaucoup ce pouvoir sans le changer de sens. La saturation de l'acide par l'ammoniaque le ramène à son état primitif d'intensité. Un excès d'ammoniaque n'y produit pas de changement ultérieur.

4°. La *brucine :* dissoute seule dans l'alcool, elle exerce la déviation vers la gauche. L'addition de l'acide chlorhydrique modifie instantanément ce pouvoir et l'affaiblit sans le changer de sens; si l'on sature l'acide par l'ammoniaque, le pouvoir primitif reparaît. Une addition ultérieure d'ammoniaque l'augmente.

5°. La *cinchonine :* en solution isolée, elle exerce vers la droite un pouvoir rotatoire considérable. Par l'addition des acides, ce pouvoir s'affaiblit en restant de même sens.

6°. La *quinine :* en solution isolée, de même qu'en présence des acides, elle exerce la déviation vers la gauche ; mais, sous l'influence de ces corps, son pouvoir propre est notablement accru. Il revient à son état primitif quand on sature l'acide, et une addition ultérieure d'ammoniaque n'y produit aucun changement.

(45)

Tous les alcalis organiques ci-dessus désignés peuvent se combiner avec les acides et les alcalis minéraux ; ils sortent intacts de ces combinaisons, quand on les en sépare après peu de temps. Cette circonstance permettra de les employer, de même que les tartrates , pour étudier optiquement les conditions d'association mécanique auxquelles la formation des combinaisons chimiques est assujettie.

Sur les propriétés optiques de la phloridzine, de la salicine et du cnisin; par M. Bouchardat. (Imprimé dans le *Compte rendu de l'Académie des Sciences* du 19 février 1844.)

La *salicine* dévie à gauche les rayons de la lumière polarisée. Les acides étendus, de même que l'ammoniaque, ne modifient pas ce pouvoir à la *température ordinaire*.

La *phloridzine*, comme la salicine, dévie à gauche ; mais son action est plus faible : elle ne se modifie pas à la température ordinaire sous l'influence des acides étendus.

Le *cnisin* dévie à droite les rayons de la lumière polarisée ; son pouvoir moléculaire rotatoire est considérable.

Le cnisin se modifie sous l'influence des bases fortes et des acides, d'une manière permanente.

Mémoire sur les fermentations benzoïque, salygénique et phlorétinique ; par M. Bouchardat. (Imprimé en extrait dans le *Compte rendu de l'Académie des Sciences* du 23 septembre 1844.)

L'appareil de polarisation a permis de suivre les différentes phases de ces transformations, et d'apprécier avec exactitude l'influence des substances diverses sur la marche de ces phénomènes. En effet, ce sont toujours des matières complexes (amygdaline, phloridzine, salicine) exerçant la rotation vers la gauche, qui, par leur dédoublement sous l'influence d'une très-petite proportion d'une matière azotée (synaptase), donnent des matières inactives sur la lumière polarisée, plus un sucre exerçant la rotation vers la droite, et non intervertible par l'action des acides étendus.

Sur les propriétés optiques de l'amygdaline, de l'acide amygdalique et des amygdalates; par M. Bouchardat. (Imprimé dans les *Comptes rendus*, 25 novembre 1844.)

Tous ces corps dévient à gauche les rayons de la lumière polarisée.

Lorsqu'on fait bouillir l'amygdaline avec de l'eau de baryte, elle se transforme en amygdalate de baryte, et par cette transformation le pouvoir rotatoire est augmenté.

On peut éliminer la baryte de cette combinaison sans que le pouvoir change : on peut saturer alors avec de l'ammoniaque, et le pouvoir reste encore le même : il n'y a pas de combinaison chimique sensible entre l'eau et l'acide amygdalique hydraté, car les propriétés moléculaires du système composé de ces deux corps ne changent pas avec les proportions des composants.

La loi de rotation propre aux composés amygdaliques se rapproche beaucoup de celle qui est propre au cristal de roche et à la pluralité des substances actives ; mais il existe une différence légère qui a été appréciée.

Les combinaisons de l'acide amygdalique avec les bases salifiables étant étudiées optiquement serviront, comme les tartrates, pour fixer des conditions importantes de mécanique chimique. Mais leur emploi offrira des difficultés particulières, parce que, jusqu'à présent, ces produits n'ont pas pu être obtenus cristallisés.

Sur les propriétés optiques des térébenthines et de leurs essences ; par MM. Bouchardat et Guibourt. (Imprimé dans le *Journal de Pharmacie*, numéro de juillet 1845.)

La térébenthine de Bordeaux fournie par le pin maritime dévie à gauche, comme son essence, les rayons de la lumière polarisée.

La térébenthine de la Caroline, qui est la plus commune dans le commerce anglais et qui est fournie par le *Pinus tada*, dévie à gauche les rayons de la lumière polarisée ; l'essence qu'on en extrait par la distillation avec de l'eau les dévie à droite.

La térébenthine fournie par le sapin argenté dévie à gauche ; son essence exerce la même déviation, mais avec moins d'intensité que celle du pin maritime.

Le baume du Canada fourni par le sapin balsamique dévie à droite les rayons de la lumière polarisée.

L'essence de térébenthine obtenue par la distillation de la térébenthine du mélèze avec l'eau, dévie très-faiblement à gauche les rayons de la lumière polarisée.

Modifications moléculaires de l'essence de térébenthine par la chaleur ; par M. Bouchardat. (Imprimé dans les *Comptes rendus de l'Académie des Sciences*, séance du 30 juin 1845.)

En distillant à feu nu l'essence de térébenthine du pin maritime, son pouvoir moléculaire rotatoire augmente, et elle devient plus propre à dissoudre le caoutchouc. Si cette même essence est modifiée par une température plus élevée, en la distillant sur de la brique pilée, sa propriété dissolvante s'accroît encore, mais la modification moléculaire est alors accusée par une diminution considérable dans le pouvoir rotatoire.

En variant les conditions d'exposition à la chaleur, on obtient avec la même essence des modifications moléculaires qui peuvent varier dans toutes les opérations et qui conduisent à admettre un nombre infini d'états isomériques d'une substance de composition définie.

Sur la fibrine, le gluten, le caséum ; par M. Bouchardat. (Imprimé dans les *Comptes rendus*, 1842, 1er semestre, page 962)

Le caséum, les matières albumineuses de la fibrine et du gluten du froment, dévient à gauche, comme l'albumine de l'œuf ou du sang, les rayons de la lumière polarisée.

Les dissolutions de ces mêmes substances dans les acides très-affaibles possèdent la même rotation que les dissolutions faiblement alcalines.

HOSPICE BEAUJON.

M. Martin Solon , médecin de cet établissement, a fait une longue étude des urines diabétiques avec l'instrument de polarisation qu'il y a fait établir. Il a suivi chez beaucoup de malades les phases de la sécrétion du sucre comparativement au régime hygiénique et à la nature des aliments. Mais une circonstance indépendante de ma volonté ne m'a pas permis d'obtenir un extrait de ce travail étendu autant que varié, pour l'insérer ici, comme je l'aurais désiré.

J'ai eu moi-même l'occasion de suivre, pendant plus d'une année, les phases de la sécrétion diabétique dans un jeune homme qui a malheureusement succombé à cette cruelle maladie. Je me suis assuré que la quantité de sucre, sécrétée dans un même mode d'alimentation, était fort sensiblement différente aux diverses époques d'une même journée, avant et après le travail de la digestion, comme aussi avant et après le sommeil. Le caractère optique permettait de saisir toutes ces nuances avec la plus grande évidence.

Avant que l'on possédât ce diagnostic, on ne pouvait reconnaître le diabétisme que lorsqu'il s'était aggravé au point de produire un désordre considérable dans l'état des individus , et l'on ne le combattait par le traitement médical que lorsqu'il avait déjà opéré dans les organes une altération profonde. Aujourd'hui qu'on en peut reconnaître les moindres traces , il serait à désirer que les médecins s'étudiassent à le saisir par ses indices extérieurs, et qu'ils appliquassent l'épreuve optique aux urines dès les premiers instants où ils peuvent soupçonner que le mal existe. Car il ne serait peut-être pas impossible de guérir un diabétisme naissant ; et c'est du moins dans ce premier état de son apparition que l'on peut avoir l'espérance de le combattre avec succès.

J'ai eu aussi l'occasion d'étudier des urines dites albumineuses. Non-seulement elles ne contenaient point de sucre, mais le caractère optique faisait voir que ce n'était pas de l'albumine animale proprement dite qui les dénaturait ; car elle exerce le pouvoir rotatoire vers la gauche, et les urines ainsi désignées n'exercent aucune action sur les plans de polarisation des rayons lumineux.

Une sécrétion exagérée d'urine limpide n'est pas non plus un indice certain de diabétisme sucré. J'ai observé des cas pareils où il n'y avait aucune trace de sucre sécrété. En général, le caractère optique est le plus simple et le plus évident qu'on puisse employer pour discerner le diabète sucré véritable des autres affections qui s'en rapprochent par les apparences.

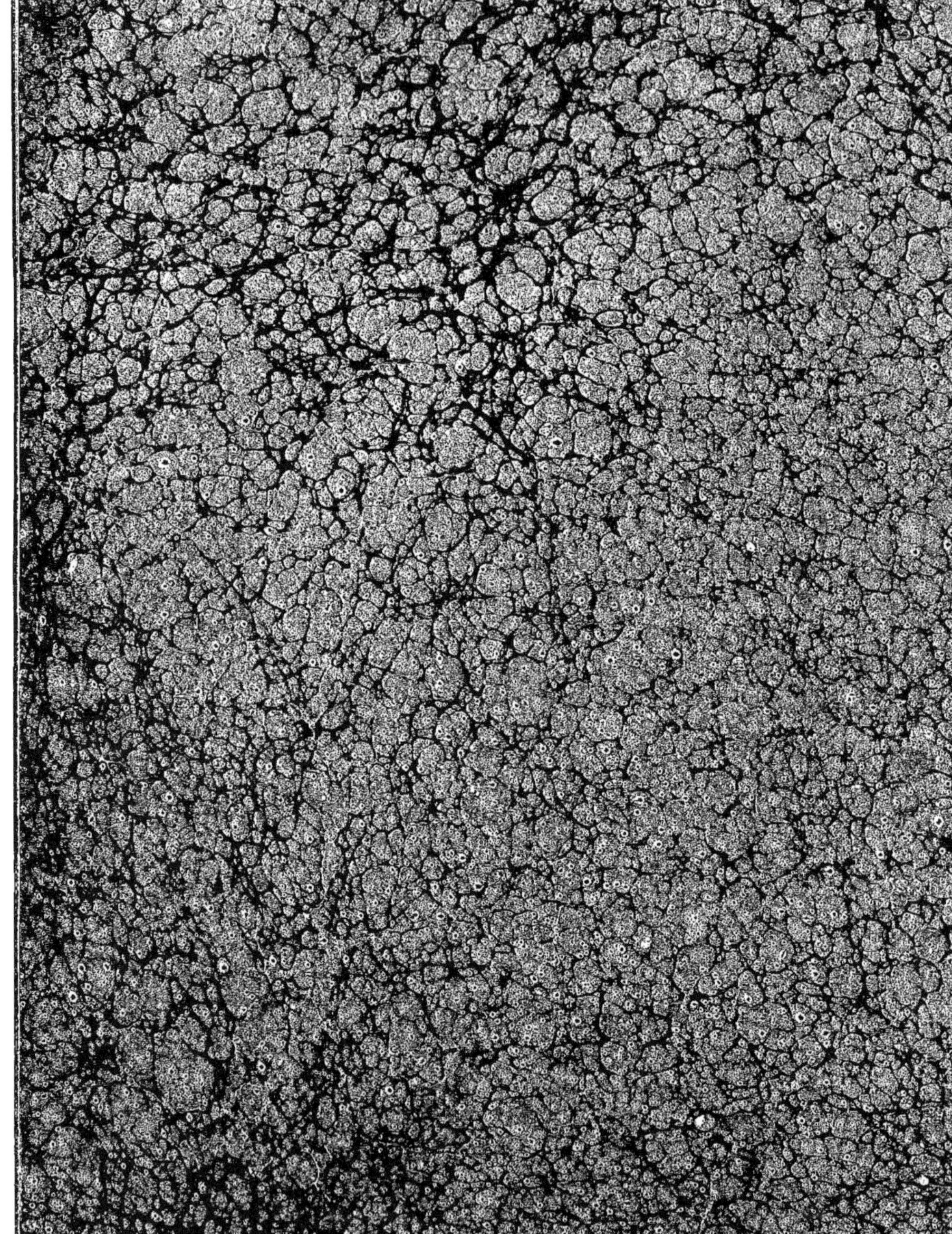

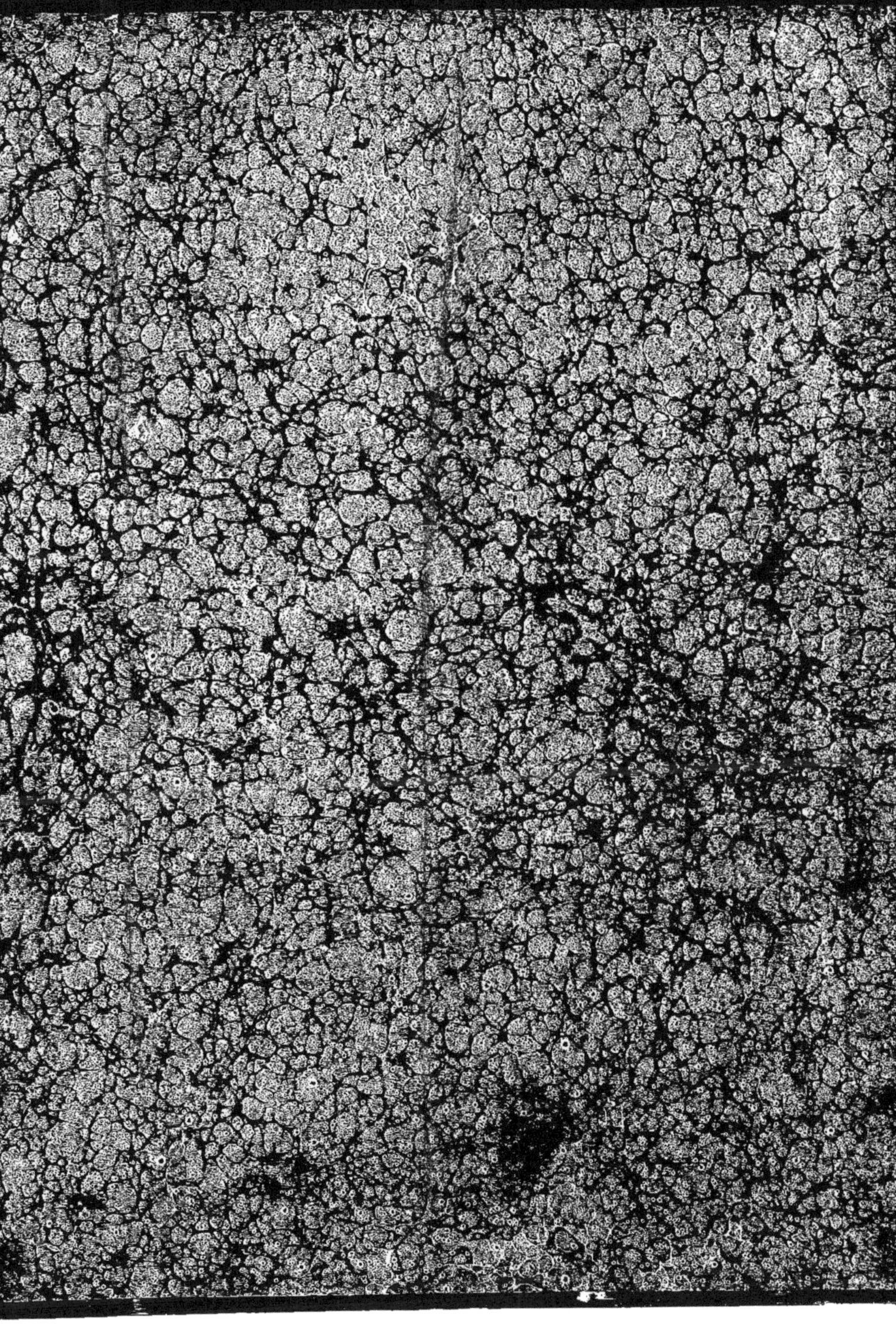

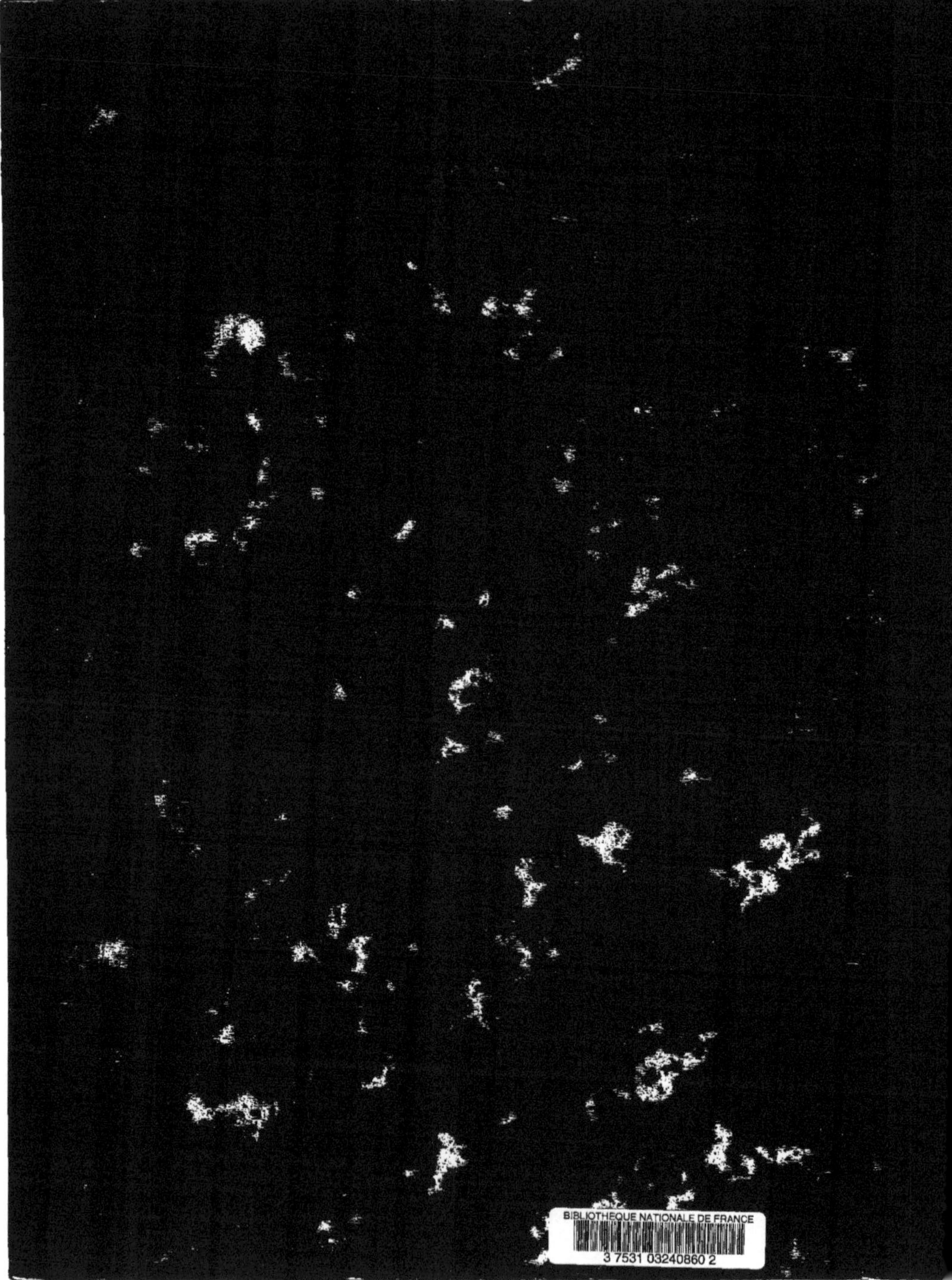

9 782019 623937